大学入学 共通テスト

地学基礎

の点数が面白いほどとれる本

代々木ゼミナール講師
蜷川雅晴

＊この本は，小社より 2020 年に刊行された『大学入学共通テスト　地学基礎の点数が面白いほどとれる本』に，最新の学習指導要領と出題傾向に準じた加筆・修正を施し，令和 7 年度以降の大学入学共通テストに対応させた改訂版です。

＊**この本には「赤色チェックシート」がついています。**

はじめに

▶この本の意図

「地学基礎」は高等学校や予備校で授業が開講されていないことがある科目ですが，独学する高校生や浪人して初めて学ぶ受験生が多い科目でもあります。この本は，「地学基礎」の授業を受けることができない受験生をはじめ，一通り「地学基礎」の学習を終えた受験生なども含めて，共通テスト「地学基礎」を受けるすべての受験生が，共通テストで高得点を目指すための参考書です。

▶この本の使い方

共通テストの問題を解くためには，地学用語の意味を覚える必要があります。そのような重要な語句については，この本では赤字で示していますので，しっかりとその語句を覚え，その意味を理解するようにしてください。特に，知識問題では，１つの知識で１つの問題を解くのではなく，複数の知識を用いて１つの問題を解くことになります。多くの知識を必要とする問題は難しいと思うかもしれませんが，問題を解くために必要な知識はすべて基本的なものなので，この本を用いて１つひとつの知識を正確に習得していけば，恐れることはありません。

共通テストでは，語句のように覚えてしまえば解ける問題もありますが，暗記するだけの勉強では高得点を期待することはできません。自然現象の原理や法則を理解できていなければ解けない問題も出題されるからです。

そこで，この本では，共通テストで出題される可能性が高い重要な自然現象を正確に理解できるように詳しく解説しています。ここで大切なことは，読者であるみなさんが「どうしてそのような現象が起こるのか」ということを考えながら読むことです。共通テストでは思考力を必要とする考察問題も出題されますので，地学で扱う自然現象について，日頃から考えながら学習するという姿勢がとても重要になるのです。

▶この本を学習した後で

多くの読者はこの本を読んだ後に，共通テストやセンター試験の過去問などで実戦的な問題練習をすることになると思います。問題を間違えたとき，その問題の解説を読んで学習すると思いますが，そのときに間違えた部分をこの本でもう一度確認してもらうと，学習したことがどのように出題されているのかがわかり，より効果的に共通テストの対策ができるようになります。本の最後にさくいんがありますので，間違えた問題について調べるときには，辞書のように活用することもできます。

ただし，間違えたところだけでなく，その関連事項などもいっしょに読んでもらうことが大切です。共通テストでは過去問と同じ内容が出題されることがありますが，その関連事項が出題されることもあります。また，問題で間違えた原因が関連事項を正しく理解できていなかった可能性もあります。「地学基礎」で学習するさまざまな自然現象は，互いに関連し合っていることを認識し，体系的に学習してもらいたいと思います。

このようにしてこの本をくり返し活用してもらえれば，「地学基礎」の内容を体系的に深く理解することができ，共通テストで満点が狙えるようになってくるはずです。みなさんが共通テストで成功することを期待しています。

▶謝　辞

この本を出版するにあたり，㈱KADOKAWA 山崎英知さん，遠藤豊さんには，企画，編集，デザインなどでたいへんお世話になりました。多くの方々のご協力により，この本を出版できましたことを，この場を借りて厚くお礼を申し上げます。

2024年５月

蜷川（にながわ）　雅晴（まさはる）

もくじ

第3章 宇宙と太陽系

第4章 地球の歴史

本文イラスト：熊アート，丸橋加奈，けーしん
写真提供：アフロ
本文デザイン：長谷川有香（ムシカゴグラフィクス）

この本の特長と使い方

学習項目は教科書に準拠したものばかりです。赤字は重要用語，**太字は重要事項**になっていますので，正確に覚えておきましょう。また，解説は語り口調でわかりやすく，読みやすく工夫しました。

学習項目で必ず覚えておくべき超重要事項がまとめられています。直前期には，最終チェックにも使えます。

第１章　地球の活動

2時間目　地球の内部構造

1 地殻の構造

地球の内部は，構成している物質の違いによって，地殻，マントル，核に分けられている。これらのうち**地殻**は，地球を覆う厚さ数 km ～数十 km の岩石の層なんだ。

地殻の構造は，大陸と海洋で異なっているんだよ。**大陸地殻**の厚さは 30～60 km であり，その上部は花こう岩質の岩石(主に花こう岩)，下部は玄武岩質の岩石(主に斑れい岩)で構成されているんだ(図２-１)。一方，**海洋地殻**の厚さは５～10 km であり，そのほとんどが玄武岩質の岩石(主に玄武岩や斑れい岩)で構成されているんだよ。

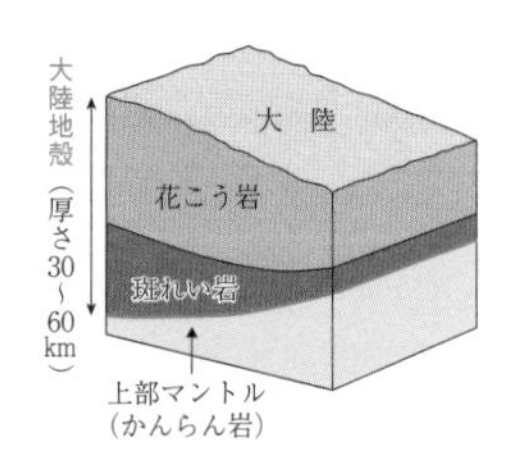

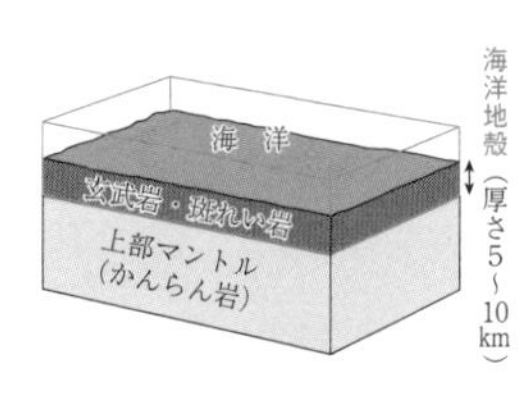

▲ 図２-１　地殻の構造

ポイント ▶ 地殻の構造

地　殻　地球の表面を構成する厚さ数 km ～数十 km の岩石の層
- 大陸地殻 ▶ 上部は花こう岩質の岩石，下部は玄武岩質の岩石　厚さは 30～60 km
- 海洋地殻 ▶ 玄武岩質の岩石　厚さは５～10 km

18　第１章　地球の活動

本書は，大学入学共通テスト「地学基礎」に対応した参考書です。まずは，正確な知識を押さえるために本文を熟読しましょう。そして、現象のメカニズムがきちんと理解できるところまで進めてください。思考力や応用力が問われる問題にも対応できるようになるでしょう。出題形式はかつてのセンター試験と同じですので，問題演習にはセンター試験の過去問も利用しています。

チェック問題

標準 5分

地球の形状に関する次の文章を読み，下の問いに答えよ。

地球が球形であることを日常生活のなかで実感するのは難しいが，宇宙から見るとほぼ球形であることがわかる。地球を完全な球と仮定すると，子午線(経線)に沿った2地点間の緯度差と距離(弧の長さ)から地球の周囲の長さを推定することができる。

問1　上の文章中の下線部に関連して，同じ子午線上にある2地点間の緯度差を a〔°〕，距離を d〔km〕としたときに，地球の周囲の長さ L〔km〕を求める式として正しいものを，次の①～④のうちから1つ選べ。

① $L = \dfrac{a}{360} \times d$　　② $L = \dfrac{a}{180} \times d$

③ $L = \dfrac{360}{a} \times d$　　④ $L = \dfrac{180}{a} \times d$

共通テストとセンター試験の過去問などを使って，学習項目の理解度チェックを行います。問題のレベル表示は易(教科書レベル) ／標準(共通テストレベル) と解答目標時間を示していますので，演習時の参考にしてください。

解答・解説

問1　③　　問2　②

問1　2地点の緯度差 a に対する円弧の長さが d であり，円弧の長さは中心角に比例する。地球の周囲の長さ L は，360° に対する円弧の長さであるから，

$a : d = 360 : L$

$aL = 360\,d$

よって，

$L = \dfrac{360}{a} \times d$

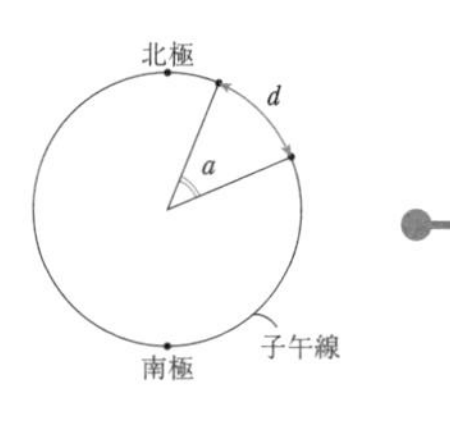

限られた時間内で正解を見つけ出すためのポイントを解説しています。ここで，解法の手順を身につけましょう。

第１章　地球の活動

1時間目 地球の概観

1 地球の形

昔の人々は地球が平らであると考えていたようだけど，現代の人々は地球が球形であることを知っているよね。

地球が球形であることは，いつごろどのようにしてわかったんだろう？

それは今から2000年以上も前にわかっていたんだ。紀元前330年ごろに古代ギリシャの**アリストテレス**は，**月食のときに月に映る地球の影が円形**であることから，地球が球形であると考えたんだ（図１-１）。

また，**北に行くほど北極星の高度が高くなる**ことが知られていたけど，これは地球が平らであったら説明がつかないよね。地球が平らであれば，北極星の高度はどこでも変わらないはずだからね（図１-２）。北半球では，北極星の高度は観測地点の緯度と等しくなるんだよ。

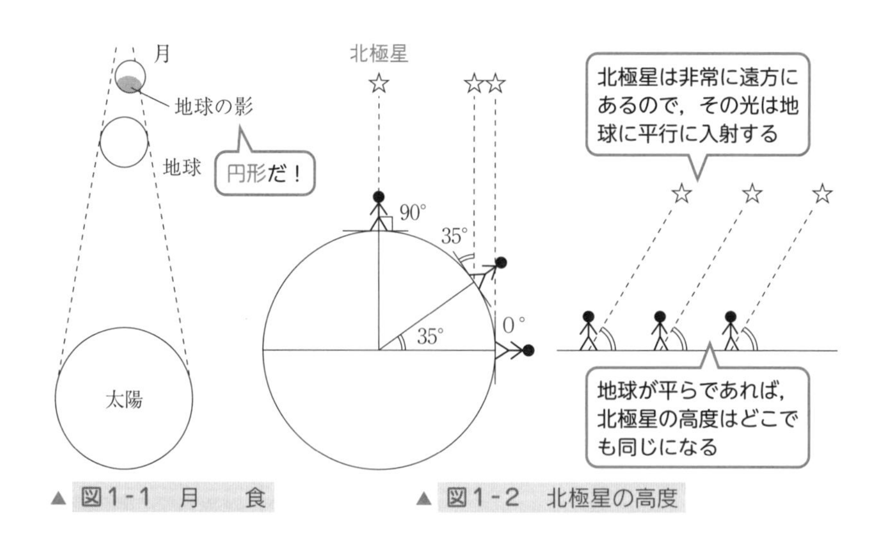

▲ 図1-1　月　食　　▲ 図1-2　北極星の高度

さらに，沖から陸に近づいてくる船を海岸から眺めると，船の帆の先端から姿を現すよね（図1-3）。地球が平らであれば，船の全体が見えそうだけど，どこの海岸でも**近づいてくる船は帆の先端から見える**。これも地球が球形だと考えれば納得できることだ。

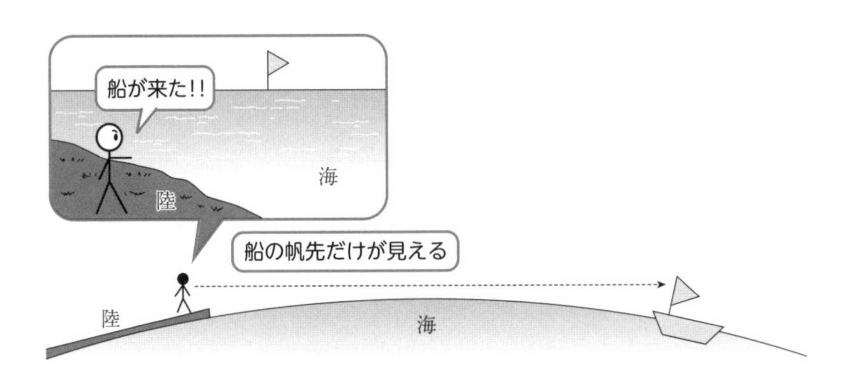

▲ 図1-3　陸に近づく船の見え方

このような観察から，古代ギリシャの一部の人たちは，地球が球形であると考えていたんだ。

なるほど。身近なところをよく観察すると地球についてわかることがあるんだね。

ポイント ▶ 地球が球形である証拠

- ▶月食のときに月に映る地球の影が円形である
- ▶南北に異なる地点では，北極星の高度が変化する
- ▶沖から陸に近づいてくる船を観察すると，帆の先端から見える

2 地球の大きさ

地球の大きさは紀元前 230 年ごろ，ギリシャの**エラトステネス**が初めて測定したといわれているんだよ。

2000 年以上も前にどのようにして測定したの？

エラトステネスは，エジプトのアレクサンドリアとその南側のシエネ(現在のアスワン)で太陽の南中(なんちゅう)高度を測定したんだ。

夏至の日の正午にシエネでは井戸の底を太陽光が照らすことから，**シエネでの南中高度は 90°** であることがわかったんだ。また，同じ日の正午に，**アレクサンドリアでの南中高度は 82.8°** であったんだよ(図 1 - 4)。

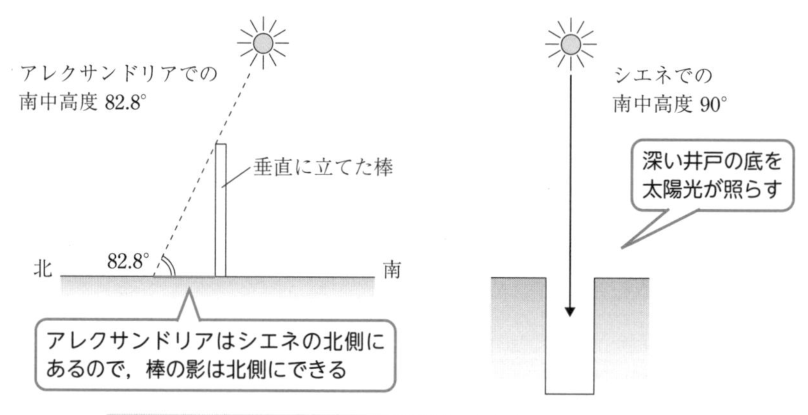

▲ 図 1 - 4　アレクサンドリアとシエネでの夏至の日の南中高度

地球が球形であると考えると，**2 地点の南中高度の差（90° − 82.8° = 7.2°）は，緯度の差である**と考えられるんだ(図 1 - 5)。また，アレクサンドリアとシエネは，南北に約 900 km 離れているので，中心角 7.2° に対する円弧の長さが 900 km であるとみなすことができる。円弧の長さは中心角に比例するので，地球の周囲の長さ(360° に対する長さ)を L とすると，次のような式が成り立つ。

$$7.2° : 900\ 〔km〕 = 360° : L\ 〔km〕$$

よって，地球の周囲の長さ L は，

$$L = 900 \times \frac{360}{7.2} = 45000 \text{〔km〕}$$

となるんだ。

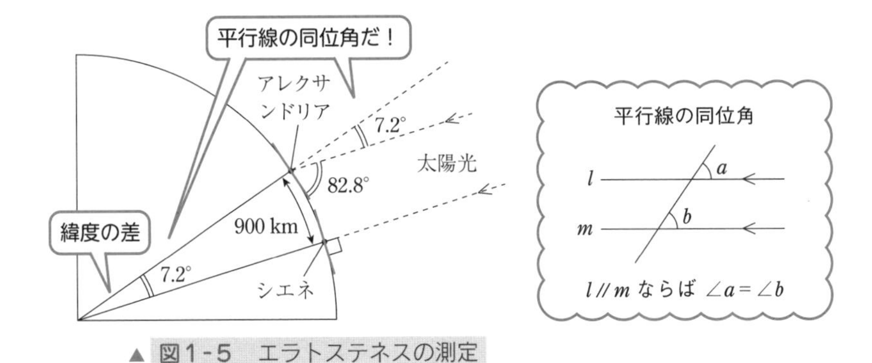

▲ 図1-5　エラトステネスの測定

ただし，**現在知られている地球の周囲の長さは約 40000 km である**から，この計算には少しの誤差があったんだ。アレクサンドリアとシエネは，完全に南北方向に並んだ2地点ではないからね。

さらに，地球の周囲の長さがわかれば，地球の半径も求められる。地球の半径を r とすると，地球の周囲の長さ L は，$L = 2\pi r$（π：円周率）と表されるので，地球の半径 r は，

$$r = \frac{L}{2\pi} = \frac{40000}{2 \times 3.14} \fallingdotseq 6400 \text{〔km〕}$$

と計算できるんだよ。

ポイント ▶ 地球の大きさ

地球の半径 ▶ 約 6400 km
地球の周囲の長さ ▶ 約 40000 km

3 球形でない地球

地球の形をもう少し詳しく見ていこう。

もし地球が完全な球であれば，緯度差 1° あたりの南北方向の距離（弧の長さ）はどこでも同じになるはずだよね（図 1 - 6）。ところが，1735〜1743 年にフランス学士院（フランスの学術団体）が緯度差 1° あたりの南北方向の距離を測定したところ，**高緯度ほど距離が長くなる**ことがわかったんだ（表 1 - 1）。

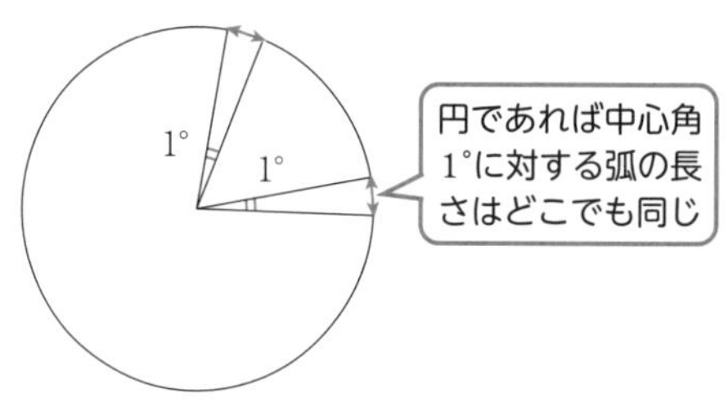

▲ 図 1 - 6　中心角と弧の長さ

ラップランド（66°22′N）	111.9 km
フランス（45°N）	111.2 km
ペルー（1°31′S）	110.6 km

▲ 表 1 - 1　フランス学士院が測定した緯度差 1° あたりの距離

緯度によって距離が異なるから，地球は完全な球ではないんだね。

ここで，緯度について確認しておこう。**緯度**とは，ある地点における鉛直線と赤道面のなす角度だよ（図 1 - 7）。地球が球形でない場合は，鉛直線は地球の中心を通るとは限らないんだ。

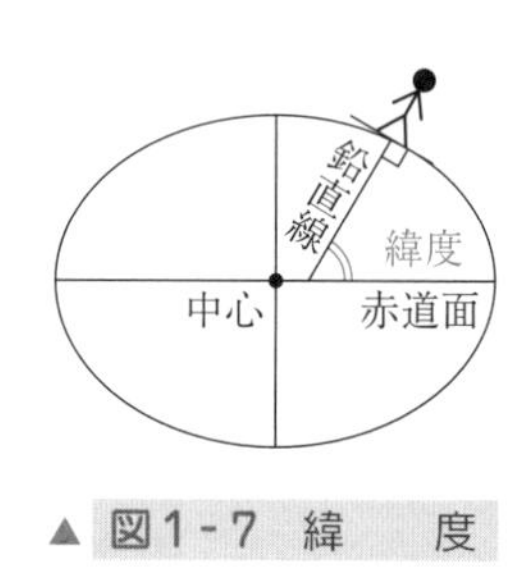

▲ 図 1 - 7　緯　度

フランス学士院の測定結果から，地球の形が完全な球形ではなく，赤道方向に膨らんだ**回転楕円体**であることが示されたんだよ。

赤道方向に膨らんだ回転楕円体を描いてみよう(図1-8)。緯度差1°あたりの南北方向の距離(弧の長さ)は，円弧が大きく曲がっている低緯度では短く，円弧がゆるやかに曲がっている高緯度では長くなっているよね。つまり，地球の形が赤道方向に膨らんでいれば，緯度差1°あたりの南北方向の距離は，高緯度ほど長くなるんだよ。

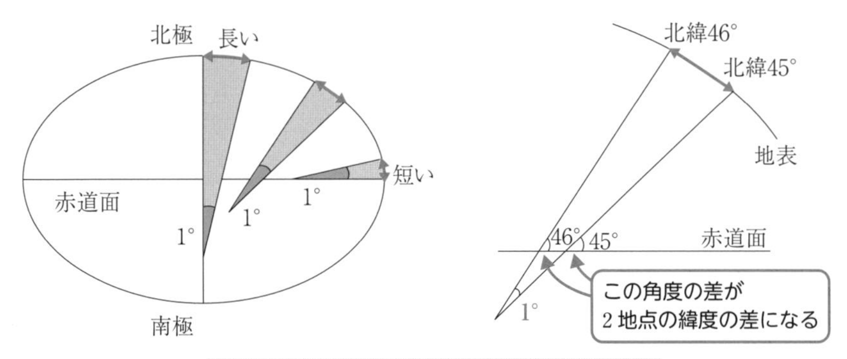

▲ 図1-8　緯度差1°あたりの南北方向の距離

ポイント ▶ 緯度差1°あたりの南北方向の距離

▶低緯度ほど短く，高緯度ほど長い

参考　回転楕円体

回転楕円体は，楕円の長軸または短軸を回転軸として，楕円を回転させてできる立体である。回転楕円体には，横に長いものや縦に長いものなど，さまざまな形があるんだ(図1-9)。

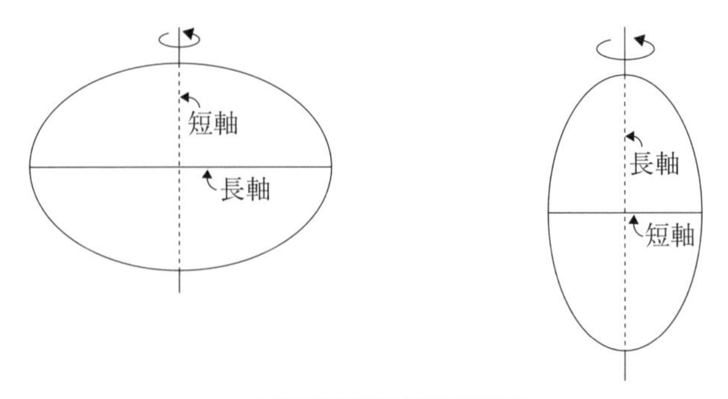

▲ 図1-9　回転楕円体

4 地球楕円体

回転楕円体にはさまざまな形のものがあるけど，地球の形と大きさに最も近い回転楕円体を**地球楕円体**というんだ。地球の形は赤道方向に膨らんでいるから，**赤道半径は極半径よりも長くなる**んだよ。地球楕円体の赤道半径を a，極半径を b とすると，$a = 6378$ km，$b = 6357$ km ということがわかっているんだ（図1-10）。赤道半径が極半径よりも長いのは，地球が自転することによって，回転の外向きに遠心力がはたらくからなんだよ。

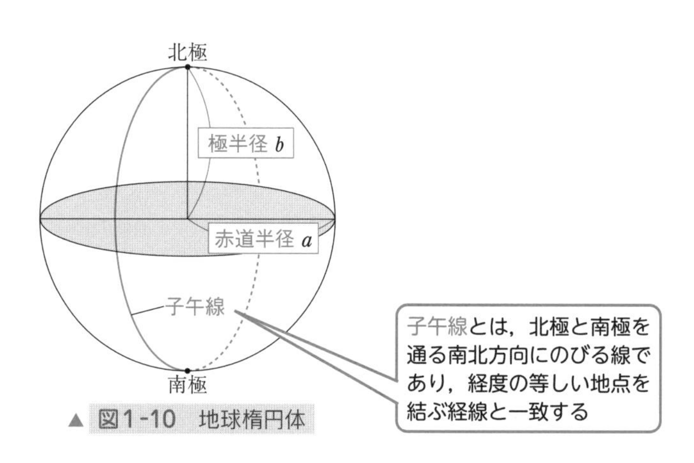

▲ 図1-10　地球楕円体

回転楕円体は，球をある方向につぶした立体とみなすこともできる。回転楕円体のつぶれの度合いを**偏平率**というんだ。地球楕円体の偏平率 f は，

$$f = \frac{a-b}{a} \quad (a：赤道半径，b：極半径)$$

という式で表されるんだよ。この式に，地球楕円体の赤道半径と極半径の値を代入して計算すると，地球楕円体の偏平率は約 $\frac{1}{300}$ となるんだ。

もし地球が球形であれば $a = b$ であるから，偏平率は 0 となるよね。偏平率の値は 0 に近いほど球に近い形となるんだ。地球楕円体の偏平率は 0 ではないけど 0 に近い値であるから，地球の形は球に近い回転楕円体といえるんだよ。

ポイント ▶ 地球楕円体の形と大きさ

赤道半径 ▶ 6378 km　　極半径 ▶ 6357 km　　偏平率 ▶ $\frac{1}{300}$

5 地球の表面

地球の表面は，約30%を占める陸地と約70%を占める海洋に分けられる。陸地には，標高の低い平野もあれば，標高の高い山地もあるよね。一方，海洋には浅い海もあれば深い海もある。

地球表面の高さまたは深さを1000 mごとに区切って，地球表面の高度分布をみると，陸地では高さ1000 m以下のところが多く，海洋では深さ4000〜5000 mのところが多くなっているんだ(図1-11)。**陸地の平均の高さは約840 m，海洋の平均の深さは約3800 m**なんだよ。また，陸地の最高点の高さはエベレスト(ヒマラヤ山脈)の8848 mであり，海洋の最深点の深さはマリアナ海溝の10920 mなんだ。このように地球の表面は起伏に富んでいるんだよ。

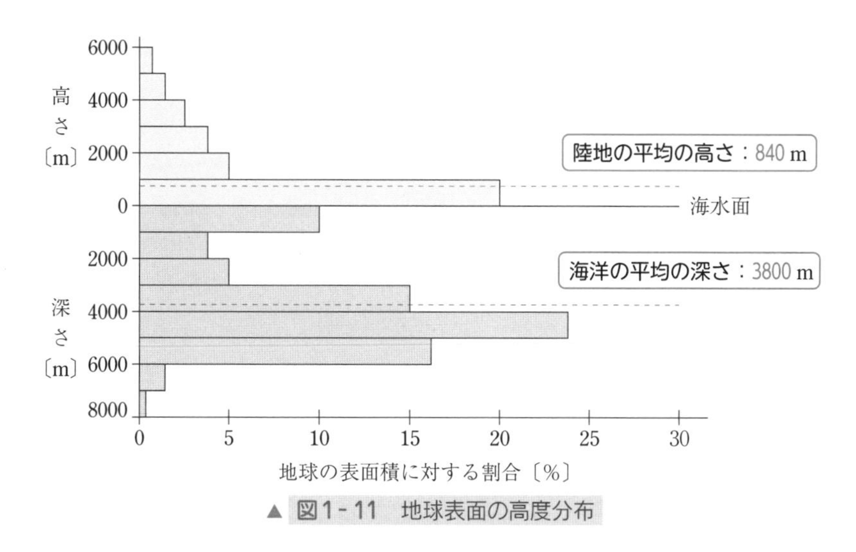

▲ 図1-11　地球表面の高度分布

ポイント▶地球の表面

陸地の平均の高さ▶**840 m**
海洋の平均の深さ▶**3800 m**

チェック問題

標準 5分

地球の形状に関する次の文章を読み，下の問いに答えよ。

地球が球形であることを日常生活のなかで実感するのは難しいが，宇宙から見るとほぼ球形であることがわかる。地球を完全な球と仮定すると，子午線(経線)に沿った2地点間の緯度差と距離(弧の長さ)から地球の周囲の長さを推定することができる。

問1　上の文章中の下線部に関連して，同じ子午線上にある2地点間の緯度差を a〔°〕，距離を d〔km〕としたときに，地球の周囲の長さ L〔km〕を求める式として正しいものを，次の①～④のうちから1つ選べ。

① $L = \dfrac{a}{360} \times d$　　② $L = \dfrac{a}{180} \times d$

③ $L = \dfrac{360}{a} \times d$　　④ $L = \dfrac{180}{a} \times d$

問2　次の図は地球の子午線に沿った断面を模式的に表したものである。a を赤道半径，b を極半径としたときに，地球の偏平率を表す式とそのおおよその値の組合せとして最も適当なものを，下の①～④のうちから1つ選べ。

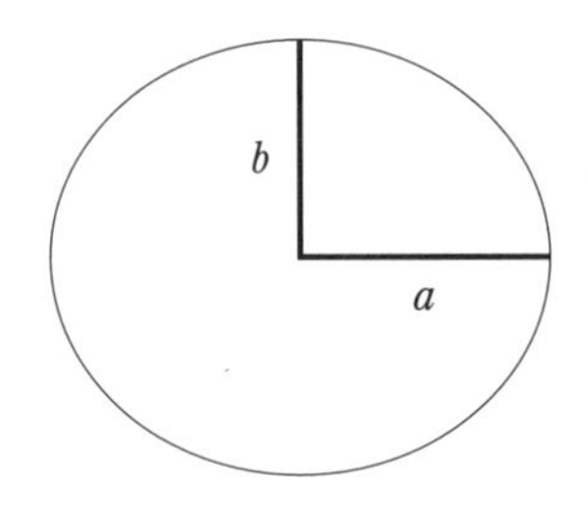

図　地球の子午線に沿った断面の模式図

	式	値
①	$\dfrac{a-b}{a}$	$\dfrac{1}{100}$
②	$\dfrac{a-b}{a}$	$\dfrac{1}{300}$
③	$\dfrac{\sqrt{a^2-b^2}}{a}$	$\dfrac{1}{100}$
④	$\dfrac{\sqrt{a^2-b^2}}{a}$	$\dfrac{1}{300}$

解答・解説

問1　③　　問2　②

問1　2地点の緯度差 a に対する円弧の長さが d であり，円弧の長さは中心角に比例する。地球の周囲の長さ L は，360° に対する円弧の長さであるから，

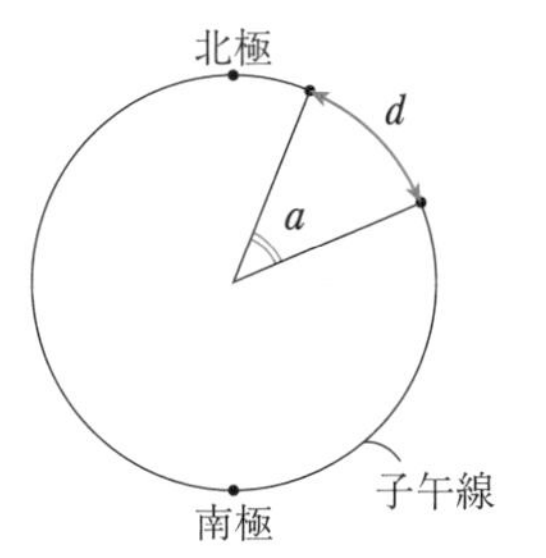

$$a : d = 360 : L$$
$$aL = 360\,d$$

よって，

$$L = \frac{360}{a} \times d$$

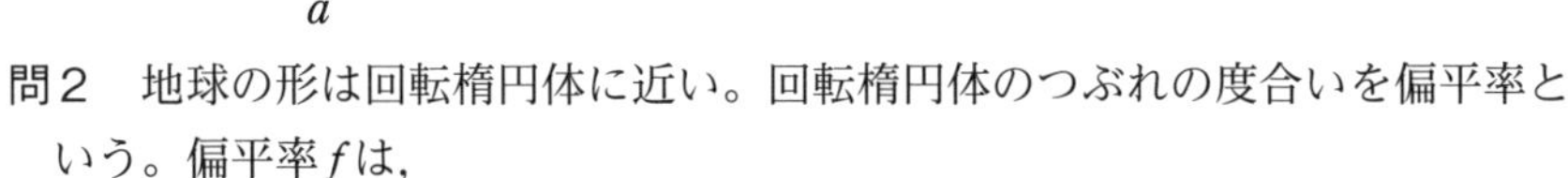
問2　地球の形は回転楕円体に近い。回転楕円体のつぶれの度合いを偏平率という。偏平率 f は，

$$f = \frac{a-b}{a} \quad (a：赤道半径，b：極半径)$$

と表される。地球の赤道半径は 6378 km，極半径は 6357 km であるから，地球の偏平率は，

$$\frac{6378-6357}{6378} \fallingdotseq \frac{1}{300}$$

である。

第1章　地球の活動

2時間目 地球の内部構造

1 地殻の構造

地球の内部は，構成している物質の違いによって，地殻，マントル，核に分けられている。これらのうち**地殻**は，地球を覆う厚さ数 km ～数十 km の岩石の層なんだ。

地殻の構造は，大陸と海洋で異なっているんだよ。**大陸地殻**の厚さは 30～60 km であり，その上部は花こう岩質の岩石（主に花こう岩），下部は玄武岩質の岩石（主に斑れい岩）で構成されているんだ（図2-1）。一方，**海洋地殻**の厚さは 5 ～10 km であり，そのほとんどが玄武岩質の岩石（主に玄武岩や斑れい岩）で構成されているんだよ。

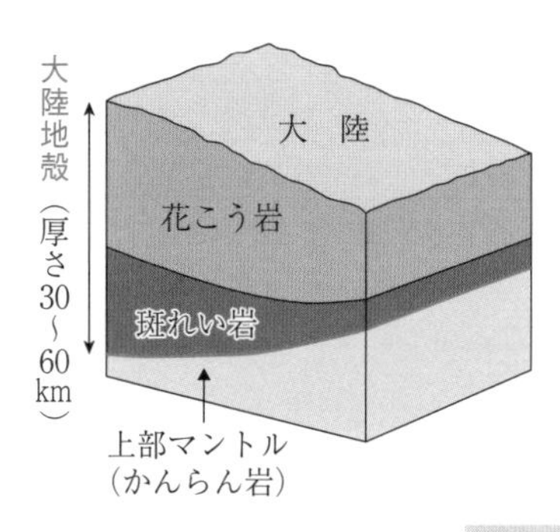

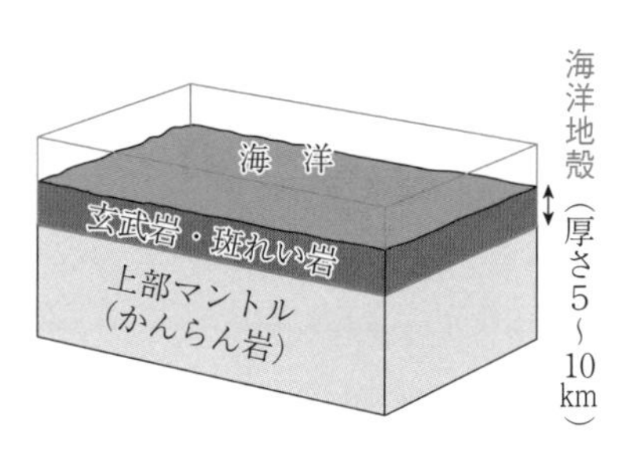

▲ 図2-1　地殻の構造

ポイント ▶ 地殻の構造

地　殻　地球の表面を構成する厚さ数 km ～数十 km の岩石の層

大陸地殻 ▶ 上部は花こう岩質の岩石，下部は玄武岩質の岩石
厚さは 30～60 km

海洋地殻 ▶ 玄武岩質の岩石
厚さは 5 ～10 km

2 マントル

地殻の下にある深さ約 2900 km までの岩石の層を**マントル**という（図2-2）。マントルは地球の体積の約 83％を占めているんだよ。

地殻とマントルの境界面は，**モホロビチッチ不連続面**というんだ。モホロビチッチ不連続面は，地震波速度が変化する境界面として発見されたんだよ。マントルでは地殻よりも地震波速度が速くなるんだ。

また，マントルは深さ約 660 km を境にして，上部マントルと下部マントルに分けられている。このうち，**上部マントルは主にかんらん岩でできている**んだよ。

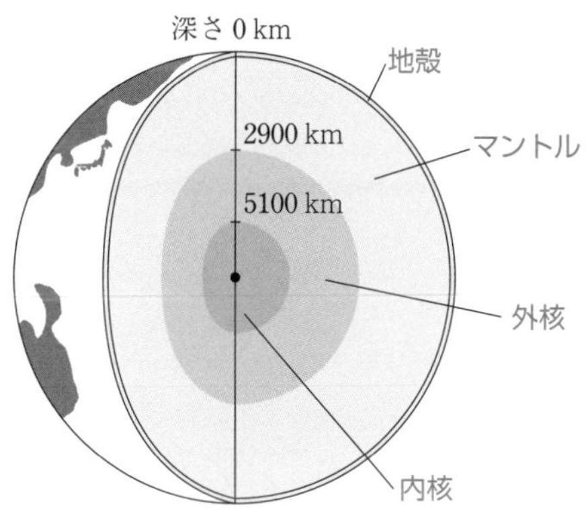

▲ 図2-2　地球の内部構造

ポイント マントル

マントル　地殻の下にある深さ約 2900 km までの岩石の層
- ▶地球の体積の約 83 ％を占める
- ▶上部マントルは主にかんらん岩でできている

3 核

深さが約 2900 km を超えると，地球内部は，岩石ではなく，主に鉄やニッケルなどの金属で構成されているんだ。金属で構成された地球の中心部を**核**というんだよ。

核は物質の状態によって，さらに外核と内核に区分されている。深さ約 2900〜5100 km の**外核**は，金属が融けて液体となっているんだ。一方，深さ約 5100 km よりも深い**内核**は，固体の状態なんだよ。

地球内部は深いところほど温度が高く，内核の温度は外核の温度より高い。温度の高い内核が融けていないのは，地球内部は深いところほど圧力が高いからなんだよ。

ポイント ▶ 地球の中心部

核　鉄やニッケルなどで構成された地球の中心部
　外　核▶深さ約 2900〜5100 km の液体の部分
　内　核▶深さ約 5100 km よりも深い固体の部分

参考　**地球内部の体積**

地球の半径が約 6400 km であり，マントルと核の境界は深さ約 2900 km にあるから，核の半径は 6400 − 2900 = 3500 km である。

半径 R の球の体積は $\frac{4}{3}\pi R^3$（π：円周率）と表されるから，地球の体積は $\frac{4}{3}\pi \times 6400^3$〔$km^3$〕，核の体積は $\frac{4}{3}\pi \times 3500^3$〔$km^3$〕である。

よって，地球内部における核の占める割合は，

$$\frac{\frac{4}{3}\pi \times 3500^3}{\frac{4}{3}\pi \times 6400^3} \times 100 \fallingdotseq 16 \text{〔\%〕}$$

である。また，地殻とマントルの占める割合は，

$$100 - 16 = 84 \text{〔\%〕}$$

である。

4 地球の構成元素

地球の内部構造は，構成している物質の違いによって分けられているので，地殻，マントル，核の構成元素は異なる（図2-3）。地殻を構成する元素は，酸素（O），ケイ素（Si），アルミニウム（Al），鉄（Fe）の順に多いんだよ。

酸素は大気中に多く存在すると思っていたけど，地殻にもたくさんあるんだね。

また，核は鉄（Fe）が約90%，ニッケル（Ni）が約5％を占めるんだ。地球に落下する隕石には，地球の材料となった物質を含むものがあるから，核の構成元素は隕石から推定することもできるんだよ。核の大部分が鉄であるから，地球全体としては，鉄（Fe），酸素（O），ケイ素（Si）などが多く含まれているんだ。

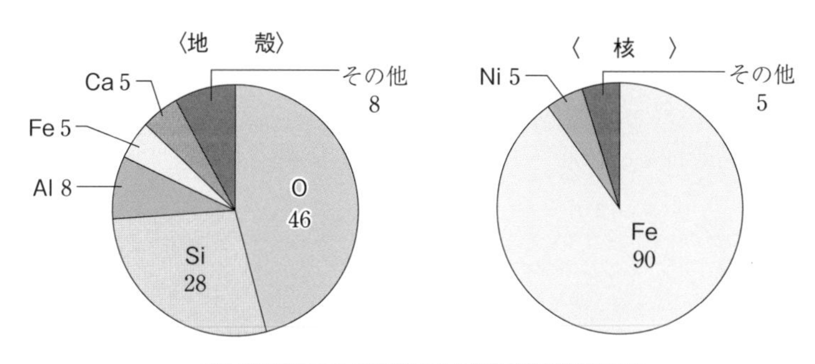

▲ 図2-3 地殻と核の構成元素〔質量%〕

ポイント 地球の構成元素

地殻の構成元素▶酸素，ケイ素，アルミニウム，鉄など
核の構成元素▶鉄，ニッケルなど

チェック問題　易　4分

地球の構造に関する次の問いに答えよ。

問１　地球全体に対する外核と内核の大きさを表した図として最も適当なものを，次の①～④のうちから１つ選べ。

①

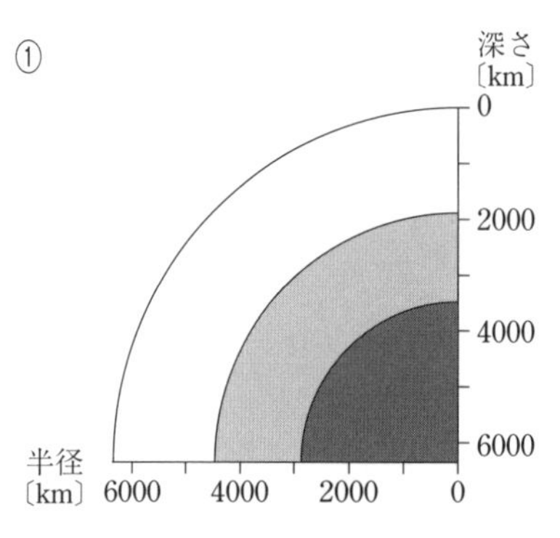

②

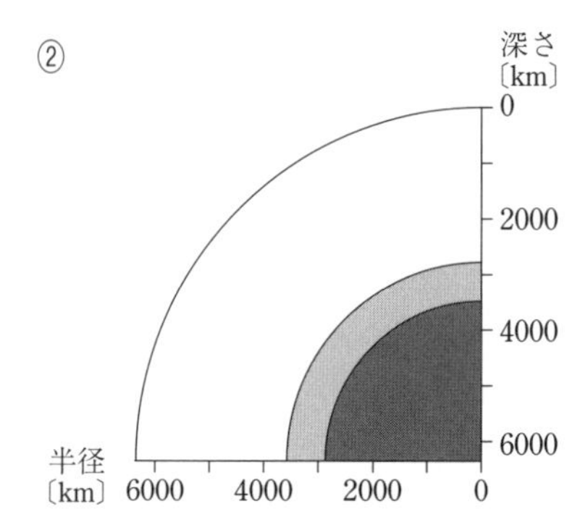

③

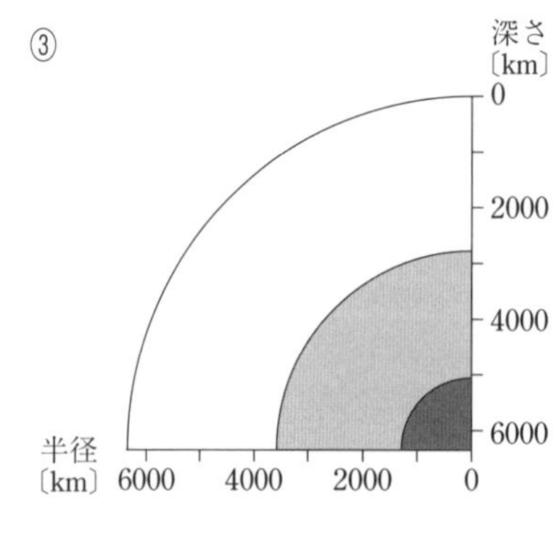

④

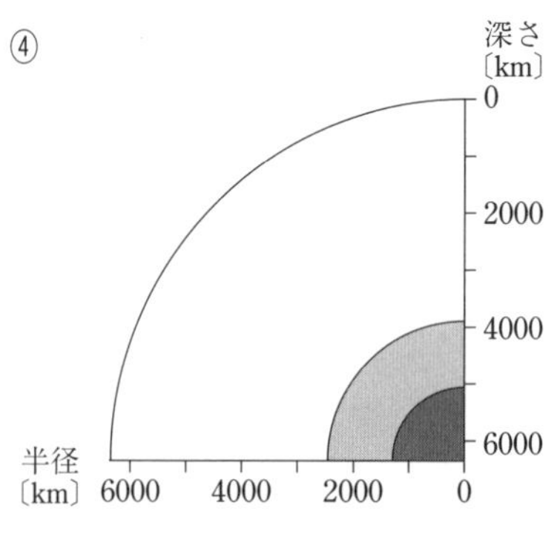

□ 地殻・マントル　□ 外核　■ 内核

問２　地球のマントルや核について述べた文として最も適当なものを，次の①～④のうちから１つ選べ。

① マントルは液体であり，対流している。
② マントルはおもに金属でできている。
③ 内核は高温のために液体となっている。
④ 外核と内核を構成するおもな元素は同じである。

問３　外核の状態とおもな構成元素の組合せとして最も適当なものを，次の①～⑥のうちから１つ選べ。

	状　態	おもな構成元素
①	固　体	Si
②	固　体	Mg
③	固　体	Fe
④	液　体	Si
⑤	液　体	Mg
⑥	液　体	Fe

解答・解説

問１　③　　問２　④　　問３　⑥

問１　マントルと外核の境界は深さ約 2900 km にある。
また，外核と内核の境界は深さ約 5100 km にある。

問２　それぞれの選択肢を確認する。
① マントルは主に固体の岩石である。
② マントルは金属ではなく岩石で構成されている。特に，マントル上部は主にかんらん岩でできている。
③ 内核は高温であるが，圧力が高いため，固体である。
④ 正しい文である。外核と内核は主に鉄でできている。

問３　外核は液体，内核は固体である。外核と内核を構成する主な元素は鉄（Fe）である。

第１章　地球の活動

3時間目 プレートの境界

1 リソスフェアとアセノスフェア

地球の表面は，**プレート**とよばれる十数枚のかたい板のような岩盤で覆われている。

中学校で地球の表面は十数枚のプレートで覆われていると習ったよ。

プレートは，地殻とマントル最上部の岩石からなり，**かたくて変形しにくい**という性質がある。このような岩石の層を**リソスフェア**というんだ。

プレートのことをリソスフェアともいうんだね。

リソスフェア（プレート）の下には，**アセノスフェア**とよばれる**やわらかくて流動しやすい**岩石の層があるんだよ。リソスフェアとアセノスフェアは，岩石のかたさの違いによって分けたものなんだ。

リソスフェアとアセノスフェアの厚さはどのくらいなの？

プレート（リソスフェア）は，大陸などを含む**大陸プレート**と海洋底などを含む**海洋プレート**に分けられることがある。大陸プレートの厚さは 100～200 km 程度，海洋プレートの厚さは 10～100 km 程度なんだよ。また，プレートの下にあるアセノスフェアの厚さは，100～200 km 程度と考えられているんだ。

地殻の厚さとプレートの厚さは異なるんだね。

地球内部を区分するとき，区分の基準が変われば境界の位置も変わるんだ。地殻やマントルの区分は，構成している物質の違いだったよね。地殻は主に花こう岩質の岩石や玄武岩質の岩石で構成されているけど，マントル上部は主にかんらん岩で構成されている。このように，地殻とマントルの岩石は異なっている。

一方，リソスフェアとアセノスフェアの区分は，岩石のかたさの違いなんだ。リソスフェアはかたい岩石で構成され，アセノスフェアはやわらかい岩石で構成されている。

このように，地球内部を区分する基準が異なるので，リソスフェアとアセノスフェアの境界は，地殻とマントルの境界とは一致しないんだよ(図3-1)。

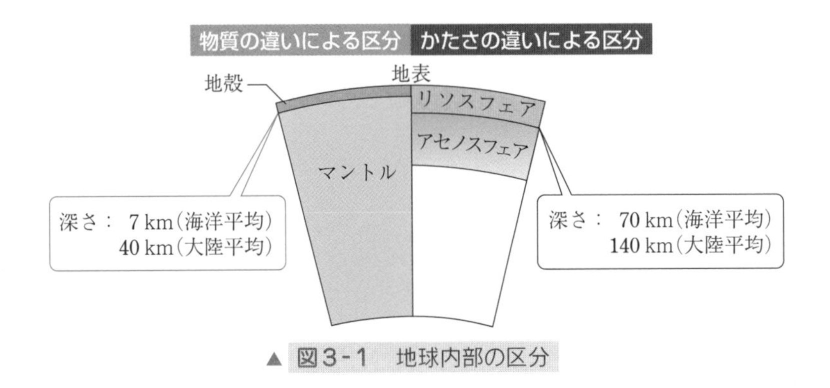

▲ 図3-1 地球内部の区分

ポイント リソスフェアとアセノスフェア

リソスフェア(プレート)

地殻とマントル最上部のかたくて変形しにくい岩石の層

▶大陸プレートの厚さ 100〜200 km 程度

▶海洋プレートの厚さ 10〜100 km 程度

アセノスフェア

マントル上部のやわらかくて流動しやすい岩石の層

2 プレートの分布

地球の表面は，十数枚のプレートで覆われている(図3-2)。大陸を含む大陸プレートや海洋底を含む海洋プレートの分布を確認してみよう。

大陸プレートには，**ユーラシアプレート**や**北アメリカプレート**などがあるんだ。これらは，主に密度の小さい岩石で構成されているため，地球の内部に沈み込むことができないんだよ。

一方，海洋プレートには，**太平洋プレート**や**フィリピン海プレート**などがあるんだ。これらは，大陸プレートよりも密度の大きい岩石で構成されているため，大陸プレートの下に沈み込むことができるんだよ。

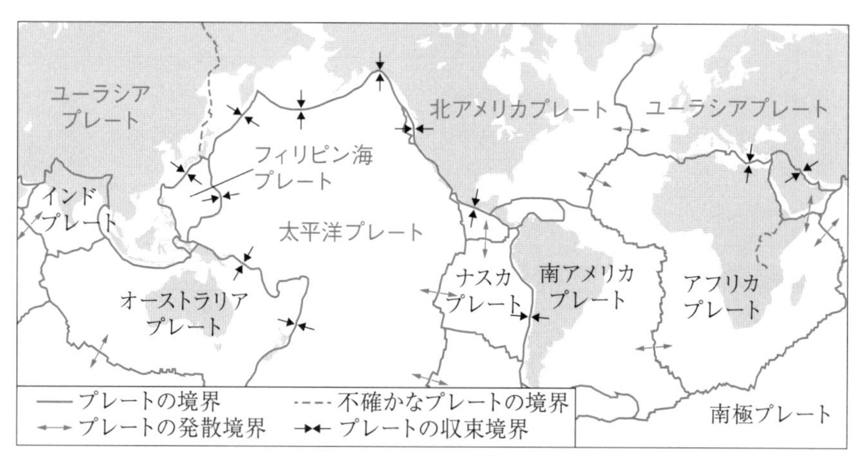

▲ 図3-2　世界のプレートの分布

プレートの分布は，地震や火山の分布とよく似ている。これは，地震や火山の活動が，プレートの分布や運動と関係があるからなんだ。地震，火山，造山運動などをプレートの運動によって説明する考え方を**プレートテクトニクス**というんだよ。

3 プレートの境界

❶ 拡大する境界

海底には，**海嶺**（**中央海嶺**）とよばれる大山脈があるんだ。大西洋中央部には大西洋中央海嶺があり，太平洋東部には東太平洋海嶺がある。海嶺の地下では，アセノスフェアの物質が上昇し，マグマが発生しているんだよ。このマグマが海嶺で冷え固まって，新しいプレートが生産されているんだ（図3-3）。

海嶺で生産されたプレートは，海嶺の両側へ離れていくんだよ。このように，2つのプレートが互いに離れる境界をプレートの**拡大する境界**（**発散境界**）というんだ。

プレートの拡大は，陸上でも起こる。大陸が分裂してできた溝状の地形を**地溝帯**というんだ。アフリカの東部には，南北にのびる大地溝帯が形成されているんだよ。また，大西洋中央海嶺の上にあるアイスランドでは，プレートの拡大によって，**ギャオ**とよばれる大地の裂け目ができているんだ。

プレートの境界には特徴的な地形ができるんだね。

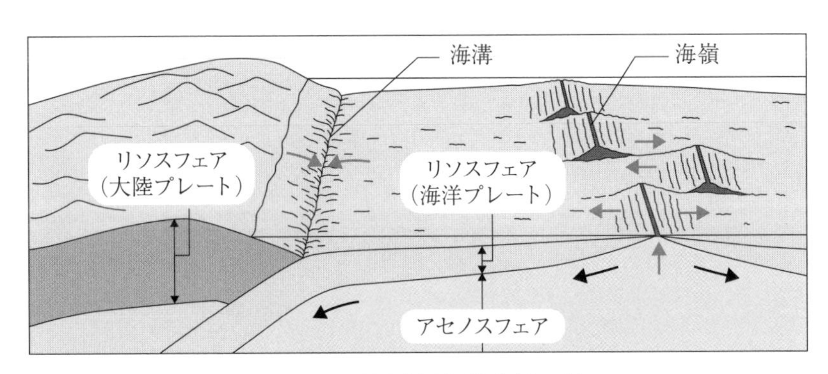

▲ 図3-3　プレートの境界と地形

❷ 収束する境界

海底には，**海溝**とよばれる水深約 10000 m の深く細長い谷がある。海底の細長い谷のうち，水深が 6000 m よりも深いものを海溝といい，水深が 6000 m よりも浅いものをトラフというんだ。

海溝では，海洋プレートと大陸プレートが互いに近づき，密度の大きい海洋プレートが密度の小さい大陸プレートの下に沈み込んでいるんだよ（図 3-3）。このように，2 つのプレートが互いに近づく境界をプレートの**収束する境界**（**収束境界**）というんだ。

日本付近には 4 つのプレートが集まり，それぞれのプレートは年間数 cm の速さで移動している。そして，プレートの境界では，海洋プレートが大陸プレートの下に沈み込んでいるんだ（図 3-4）。

東北日本では，日本海溝や千島海溝などで，**太平洋プレートが北アメリカプレートの下に沈み込んでいる**。また，西南日本では，南海トラフなどで，**フィリピン海プレートがユーラシアプレートの下に沈み込んでいる**んだ。

▲ 図 3-4　日本付近のプレートの分布

プレートの収束する境界は，沈み込み境界（沈み込み帯）と衝突境界（衝突帯）に分けられる。沈み込み境界は，海洋プレートが大陸プレートの下に沈み込む場所で，衝突境界は，大陸プレートどうしが近づく場所なんだ。どちらの境界でも大山脈が形成されることが多いんだよ。特に，大山脈が形成される地帯を**造山帯**というんだ。

プレートの収束する境界には，沈み込み境界と衝突境界があるんだね。

海洋プレートの上には海底の堆積物があり，プレートの運動によって海溝へ運ばれる。一方，海溝には陸からの砕屑物（岩石の粒）が運ばれてくる。つまり，海溝には，海底の堆積物と陸からの砕屑物が集まるんだ。

これらの堆積物や砕屑物は，プレートの沈み込みに伴って，大陸プレートの先端に付け加わることがある。このような部分を**付加体**というんだ（図3-5）。

さらに，海洋プレートが沈み込んでいく先では，大陸プレートの下のアセノスフェアでマグマが発生し，地上では火山活動が起こる。付加体の形成や火山活動などによって，大陸地殻の厚さが増すため，海溝沿いの大陸プレート上では大山脈が形成されるんだよ。日本列島や南米のアンデス山脈は，このようにして形成されたんだ。

日本列島のように海溝沿いに形成された弧状の島を**島弧**というんだ。また，アンデス山脈のように，海溝沿いの大陸の縁に形成された山脈を**陸弧**というんだよ。

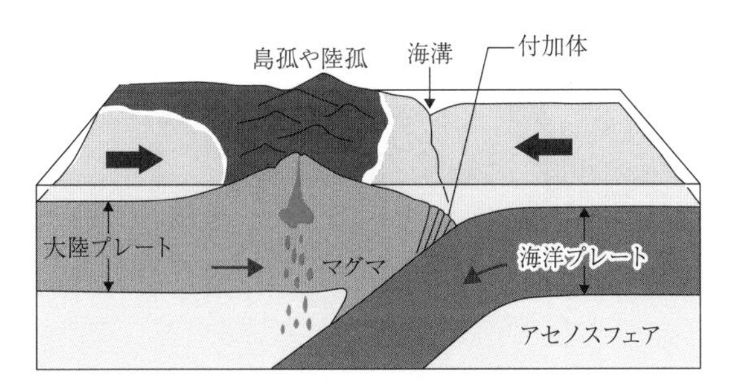

▲ 図3-5　沈み込み境界

一方，大陸プレートどうしが近づく衝突境界では，どちらのプレートもマントルへ沈み込むことはできない。そのため，大陸プレートどうしが重なり合って大山脈が形成されるんだ(図３-６)。ヒマラヤ山脈やアルプス山脈は，衝突境界に形成された大山脈だよ。

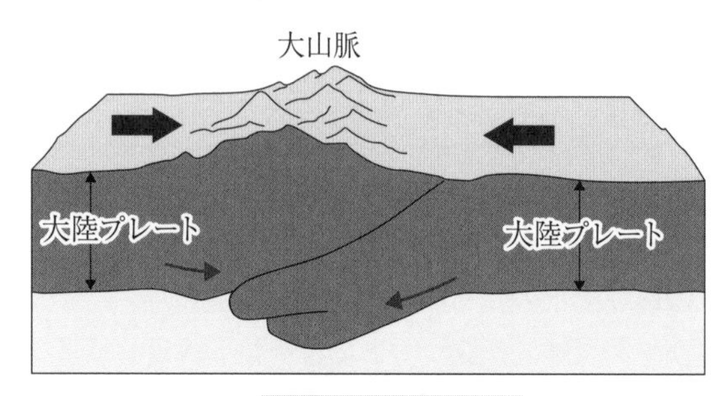

▲ 図３-６　衝突境界

現在のインドは，約 6000 万年前には古インド大陸として南半球にあったけど，プレートの運動によって北上し，約 4000 万年前にユーラシア大陸に衝突したんだ。その後，古インド大陸とユーラシア大陸の境界にヒマラヤ山脈が形成されたんだよ(図３-７)。

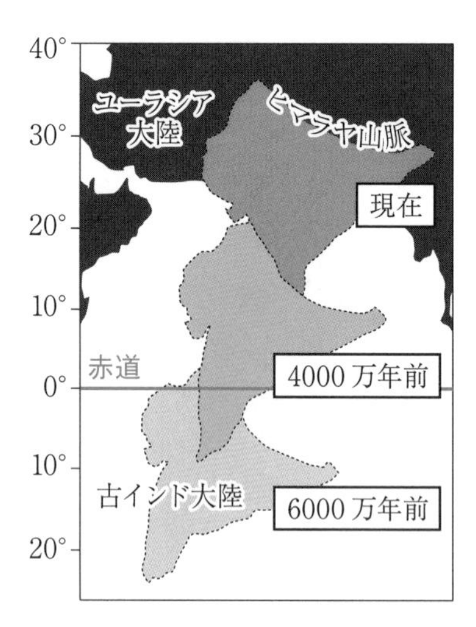

▲ 図３-７　古インド大陸とユーラシア大陸の衝突

❸ すれ違う境界

プレートが拡大する海嶺は，連続的に続いているのではなく，ところどころでずれが生じている(図3-8)。海嶺と海嶺をつなぐような場所では，2つのプレートが反対向きに動いているんだ。このようなプレート境界をプレートの**すれ違う境界**といい，その境界に形成された断層(岩盤が割れ目に沿ってずれたところ)を**トランスフォーム断層**というんだよ。

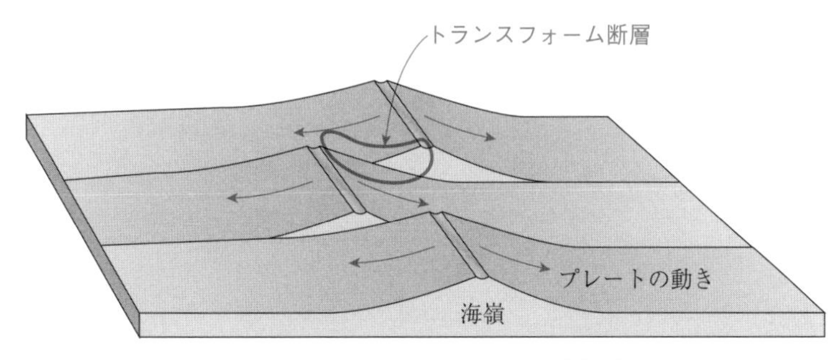

▲ 図3-8　トランスフォーム断層

一般に，トランスフォーム断層は，海嶺付近に多く見られるけど，陸上にもあるんだ。アメリカのカリフォルニア州にある**サンアンドレアス断層**では，北アメリカプレートと太平洋プレートがすれ違っているんだよ(図3-9)。すなわち，サンアンドレアス断層は，トランスフォーム断層の1つなんだ。

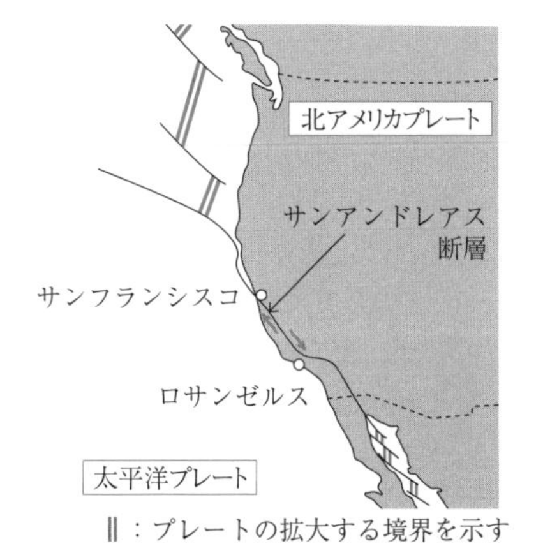

▲ 図3-9　サンアンドレアス断層

ポイント プレートの境界

拡大する境界▶大西洋中央海嶺，東太平洋海嶺など
収束する境界▶日本海溝，千島海溝，南海トラフなど
すれ違う境界▶サンアンドレアス断層など

チェック問題　易　3分

プレートに関する次の問いに答えよ。

問1　次の図は，地球の表面から深さ数百 km までの内部を，流動のしやすさの違いと物質の違いとでそれぞれ区分したものである。図中のａ～ｄに入れる語の組合せとして最も適当なものを，後の①～④のうちから１つ選べ。

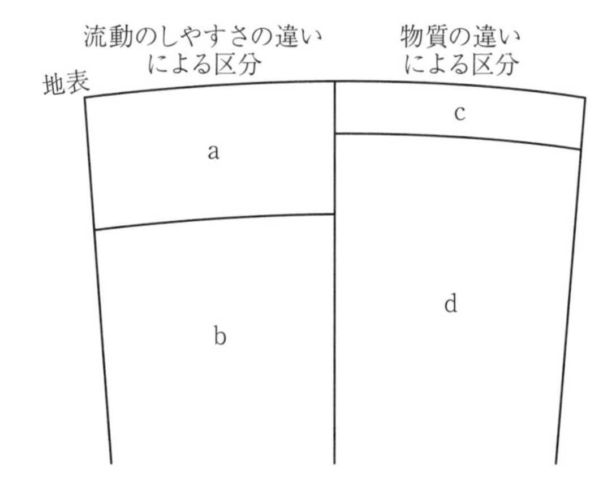

図　地球の表面から深さ数百 km までの内部の区分

	a	b	c	d
①	地　殻	マントル	リソスフェア	アセノスフェア
②	地　殻	マントル	アセノスフェア	リソスフェア
③	リソスフェア	アセノスフェア	地　殻	マントル
④	アセノスフェア	リソスフェア	地　殻	マントル

問２　プレート境界について述べた次の文ａ・ｂの正誤の組合せとして最も適当なものを，後の①～④のうちから１つ選べ。

ａ　発散する境界(発散境界)は，海底にも陸上にも存在する。
ｂ　収束する境界(収束境界)は，陸上には存在しない。

	a	b
①	正	正
②	正	誤
③	誤	正
④	誤	誤

解答・解説

問1　③　　問2　②

問1　リソスフェア(プレート)は，地表付近のかたい岩石の層であり，アセノスフェアはリソスフェアの下のやわらかい岩石の層である。つまり，リソスフェアとアセノスフェアは，かたさ(流動のしやすさ)の違いによって区分されたものである。

また，地殻とマントルは物質の違いによって区分されている。地殻は花こう岩質や玄武岩質の岩石でできているが，マントル上部は主にかんらん岩でできている。

問2　それぞれの文を確認する。

a　正しい文である。海底の大山脈である海嶺では，生産された海洋プレートが海嶺の両側へ離れるように移動している。また，アフリカ東部の大地溝帯では，大陸プレートが地溝帯の両側へ離れるように移動している。すなわち，プレートの発散境界(拡大する境界)は，海底にも陸上にも存在する。

b　誤った文である。プレートの収束する境界は，海底だけでなく陸上にも存在する。ヒマラヤ山脈やアルプス山脈は，大陸プレートどうしが収束する境界で形成された大山脈である。

4時間目 第1章 地球の活動

プレートの運動

1 過去のプレート運動

太平洋のハワイ島には，活発に活動しているキラウエア火山がある。ハワイ島の地下では，マントル深部から高温の物質が上昇し，アセノスフェアでマグマが発生しているんだよ。このように，地下にマグマの供給源があり，火山活動が起こっている場所を**ホットスポット**というんだ(図4-1)。

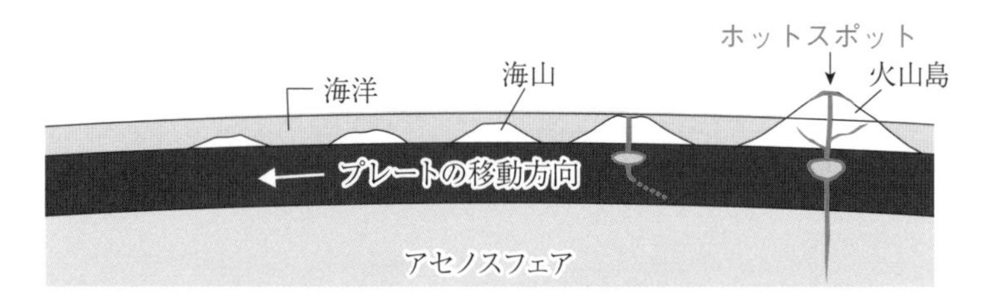

▲ 図4-1　ホットスポットで形成された火山島と海山

ホットスポットでは，火山活動によって，ハワイ島のような火山島が形成される。形成された火山島は，プレートの上にあるので，プレートとともに移動するんだよ。

だけど，マグマの供給源はプレートの下にあるから，プレートが動いても位置をほとんど変えないんだ。つまり，古い火山島が移動した後に，また同じ場所にマグマが上昇して，新しい火山島を形成するんだよ。そして，これがくり返されると，プレートの移動する方向に，火山島の列ができるんだ。ホットスポットから離れた古い火山島は，侵食され沈降して海山となるんだよ。

火山島や海山は，プレートの移動する方向に列をつくるんだね。

ハワイ島の西側には，**ハワイ諸島**とよばれる火山島が並び，その先には**天皇海山列**とよばれる海山が並んでいる(図4-2)。これらの火山島や海山は，現在のハワイ島(ホットスポット)の位置で形成され，プレートの運動によって移動してきたんだ。また，これらの火山島や海山の形成年代は，ハワイ島から離れるほど古くなっているんだよ。つまり，火山島や海山の移動距離と形成年代がわかっているから，過去のプレートの平均の速さを知ることができるんだ。

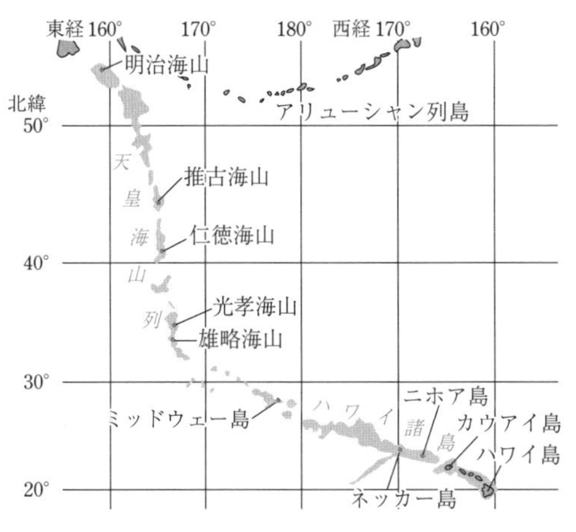

ハワイ諸島	ハワイ島からの距離〔km〕	形成年代〔万年前〕
ハワイ島	0	0
カウアイ島	530	510
ニホア島	800	720
ネッカー島	1100	1030
ミッドウェー島	2400	2770
雄略(ゆうりゃく)海山	3500	4740

天皇海山列	雄略海山からの距離〔km〕	形成年代〔万年前〕
雄略海山	0	4740
光孝(こうこう)海山	290	4810
仁徳(にんとく)海山	950	5620
推古(すいこ)海山	1300	6470
明治海山	2300	8500

▒は，ハワイ諸島－天皇海山列のまわりの水深 2000m までの海域を示す。

▲ 図4-2 ハワイ諸島と天皇海山列

ハワイ諸島は，ハワイ島から西北西の方向に並び，西北西に向かって形成年代が古くなっているので，雄略海山が形成された約 4740 万年前から現在まで，太平洋プレートは西北西の方向に移動していたと考えられる。また，雄略海山はハワイ島から約 3500 km 離れているので，太平洋プレートは，約 4740 万年の間に約 3500 km 移動したんだ。したがって，過去の太平洋プレートの平均の速さは，

$$\frac{3500\times10^3\times10^2}{4740\times10^4} = 7.38 \fallingdotseq 7.4\ \text{cm/年}$$

と求められるんだよ。

$1\ \text{km} = 10^3\ \text{m}$，$1\ \text{m} = 10^2\ \text{cm}$ だよね。

火山島と海山の列が，雄略海山のところで折れ曲がっているよ？

火山島や海山は，プレートの移動方向に列をつくるので，雄略海山が形成された約 4740 万年前に，太平洋プレートの移動方向が変化したと考えられるんだ。天皇海山列は，北北西に向かって形成年代が古くなっているので，天皇海山列が形成されたときの太平洋プレートは，北北西の方向に移動していたと考えられるんだよ。

約 4740 万年前よりも古い時代には，太平洋プレートが北北西の方向に移動していたため，ホットスポットから北北西の方向に，火山島や海山の列が形成されたんだ（図4-3）。約 4740 万年前に太平洋プレートの移動方向が西北西へ変わると，すでに形成されていた火山島や海山は，太平洋プレートの上にあるので，西北西へ移動する。また，ホットスポットで新しくできた火山島は，ホットスポットから西北西へ移動し，火山島の列をつくるんだ。このようにして，現在のハワイ諸島と天皇海山列の並びが形成されたんだよ。

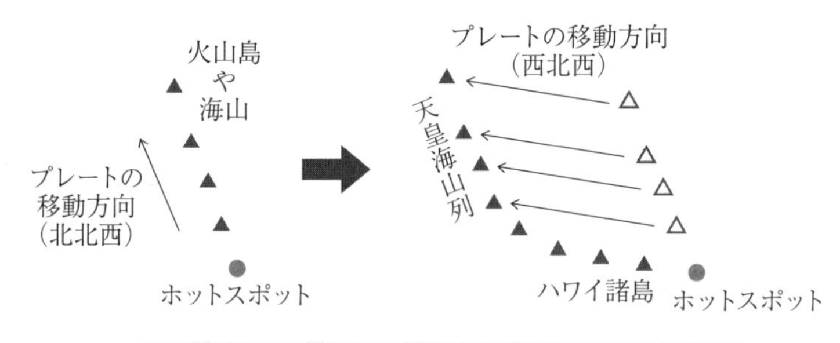

▲ 図4-3　プレートの移動方向と火山島や海山の列

ポイント ホットスポット

ホットスポット

マントル深部から高温の物質が上昇し，アセノスフェアでマグマが発生し，火山活動が起こっている場所

▶火山島や海山の形成年代は，ホットスポットから離れるほど古くなる

▶ホットスポットで形成された火山島や海山の列は，過去のプレートの移動方向を示す

2 海洋底の年代

海洋底は海嶺で生産されるため，海洋底の年代は，海嶺に近いほど新しく，海嶺から離れるほど古くなるんだ。東太平洋海嶺や大西洋中央海嶺の近くでは，海洋底の年代が新しくなっているよね（図4 - 4）。

最も古い海洋底の年代は，約2億年前なんだよ。約2億年前より古い海洋底は海溝から地球の内部に沈み込んでしまったので，地球上には存在しないんだ。

図4 - 4を見ると，太平洋と大西洋では，年代の幅が異なっているよね？

年代の幅が広いほど，その期間にプレートが移動した距離が長いことになるよね。海洋底の年代の幅は，大西洋よりも太平洋のほうが広くなっている。このことから，過去のプレートの移動する速さは，大西洋よりも太平洋のほうが大きかったことがわかるんだ。

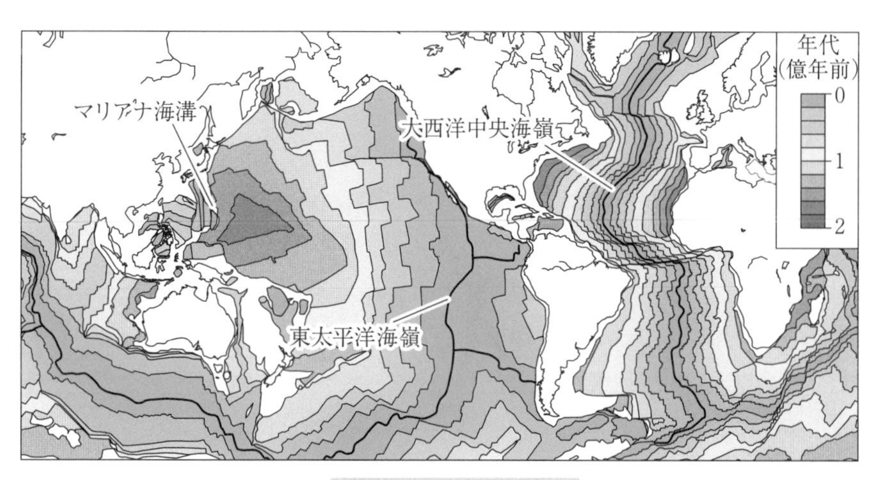

▲ 図4 - 4　海洋底の年代

3 GNSSによる観測

人工衛星からの電波を受信して地球上の位置を決定するシステムを**GNSS**(Global Navigation Satellite System：全地球航法衛星システム)というんだ。これを利用して，地震による地殻変動やプレートの運動を観測することができるんだよ。

小笠原諸島の父島(ちちじま)と和歌山県の串本(くしもと)は，1年間に約4 cm近づいている(図4-5)。父島はフィリピン海プレートの上にあり，串本はユーラシアプレートの上にある。また，父島と串本の間には，プレートの収束する境界である南海トラフがある。つまり，プレートの運動によって，父島と串本は近づいていると考えられるんだよ。

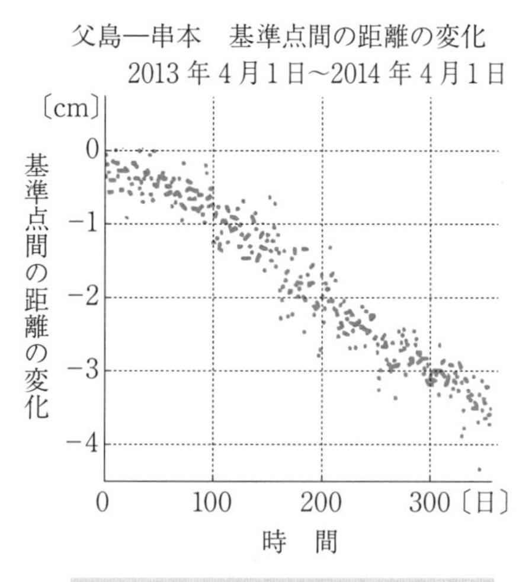

▲ 図4-5　父島と串本の距離の変化

参考　GPS

アメリカが開発したGNSSを，特に**GPS**(Global Positioning System)というんだ。アメリカだけでなく，日本，ロシア，中国などが開発したGNSSもあるんだよ。

人工衛星を利用した測位システムは，スマートフォンの地図やカーナビなどに利用され，私たちはそれをGPSと呼んでいるよね。だけど，実際にはGPSだけでなく，複数の測位システムを利用しているんだよ。

4 マントルの運動

マントルは固体の岩石であるけど，ゆっくりと流動している。マントルでは，温度が高く密度の小さい部分は上昇し，温度が低く密度の大きい部分は下降しているんだよ(図4-6)。このような大規模なマントルでの大規模な対流運動を**マントル対流**というんだ。

地表付近のプレートの運動は，マントル対流の一部とみなすことができるんだよ。また，マントル対流によって，地球内部の熱が地球表層へ運ばれているため，地球内部は冷却されているんだよ。

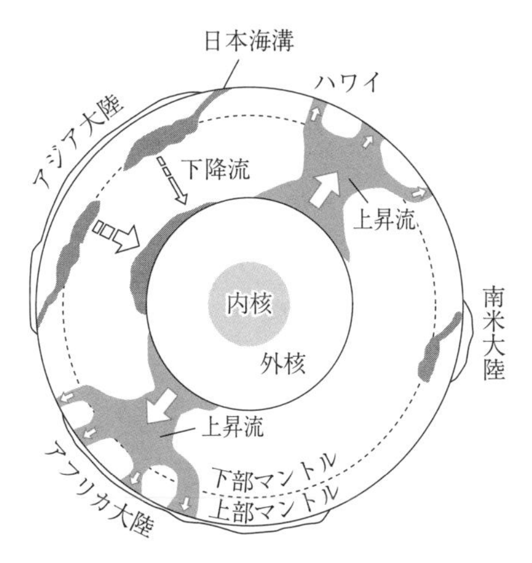

▲ 図4-6 マントル対流

マントル対流のうち，柱状(円筒状)に上昇する流れを**プルーム**というんだ。特に，南太平洋やアフリカ大陸の地下には温度の高い物質の上昇流(大規模なプルーム)が存在している。一方，アジア大陸の地下には温度の低い物質の下降流が存在するんだよ。

ポイント マントルの運動

- 温度が高く密度の小さい部分は上昇する
- 温度が低く密度の大きい部分は下降する

チェック問題

プレートの運動に関する次の文章を読み，下の問いに答えよ。

次の図は，中央海嶺とホットスポット起源の火山島列とを模式的に示した平面図で，海洋プレートは図中の矢印のように中央海嶺の両側へ等速度で海嶺に直角な向きに移動しているとする。火山島Aは，現在，ホットスポットの真上にあり，火山島B～Dもこのホットスポットによってつくられた。ただし，中央海嶺とホットスポットの位置関係は過去から現在まで一定であったとする。

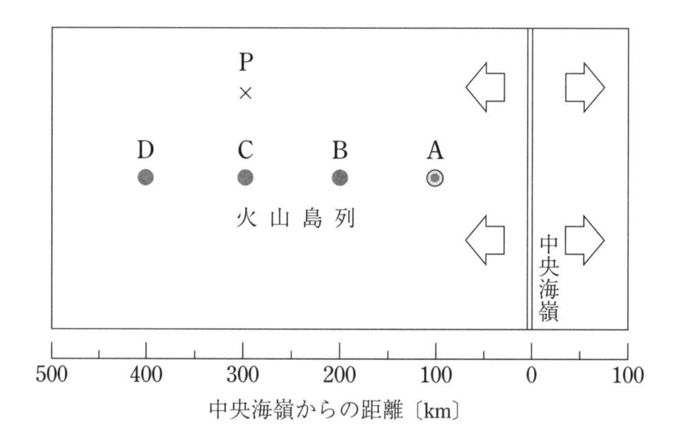

問1　上の図の火山島Bを調査すると，この島は100万年前に形成されたことがわかった。この火山島がのっている海洋プレートの移動速度〔cm/年〕として最も適当なものを，次の①～⑤のうちから1つ選べ。

①　1 cm/年　　②　2 cm/年　　③　5 cm/年
④　10 cm/年　　⑤　20 cm/年

問2　図に示した地点Pにおける海洋底の年代は火山島A～Dのいずれの年代と等しいか。次の①～④のうちから最も適当なものを1つ選べ。

①　A　　②　B　　③　C　　④　D

解答・解説

問1 ④　　問2 ④

問1　火山島Bは100万年前に，ホットスポットがある火山島Aの位置で形成されたものである。つまり，火山島Bは100 kmの距離を100万年かけて移動してきたことになるので，火山島がのっているプレートの移動速度は，

$$\frac{100\ \text{〔km〕}}{100\text{万〔年〕}} = \frac{100 \times 10^3 \times 10^2\ \text{〔cm〕}}{100 \times 10^4\ \text{〔年〕}} = 10\ \text{〔cm/年〕}$$

1 km ＝ 10^3 m
1 m ＝ 10^2 cm

問2　地点Pの海洋底は，中央海嶺で形成されたものである。また，A～Dの火山島はホットスポット（地点A）で形成されたものである。中央海嶺から地点Pまでは300 kmあるので，地点Aから300 kmの位置にある火山島Dが，地点Pの海洋底と同じ年代だと考えられる。

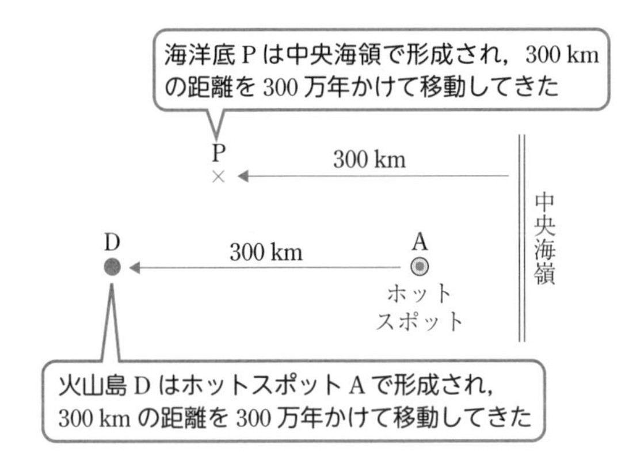

第１章　地球の活動

5時間目 地質構造

1 断　　層

プレートの運動によって地殻変動が起こり，力を受けた岩盤が破壊されることがある。破壊された面に沿って岩盤がずれた部分を**断層**というんだ。また，岩盤がずれた面を**断層面**というんだよ。

断層は岩盤のずれ方によって分類される。岩盤が破壊されたとき，断層面より上側の岩盤を上盤（うわばん），断層面より下側の岩盤を下盤（したばん）というんだ。そして，断層面に沿って，**上盤がずり落ちたもの**を**正断層**，**上盤がのし上がったもの**を**逆断層**というんだよ（図5‑1）。

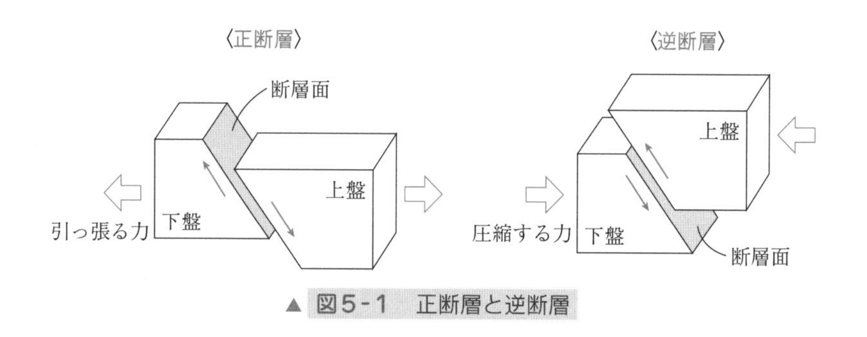

▲ 図5‑1　正断層と逆断層

ポイント ▶ 正断層と逆断層

正断層 ▶ 上盤が下盤に対して**ずり落ちた断層**
逆断層 ▶ 上盤が下盤に対して**のし上がった断層**

図5‑1の正断層と逆断層は，岩盤の割れ方は同じだけど，なんで上盤が上がったり下がったりするの？

岩盤が動くのは，その岩盤を動かす力がはたらいているからなんだよ。図5-1のように岩盤が破壊されたとき，両側の岩盤を引っ張る力がはたらいていれば，上盤がずり落ちるよね。逆に，両側から圧縮する力がはたらいていれば，上盤がのし上がるよね。つまり，**正断層は両側から引っ張る力，逆断層は両側から圧縮する力がはたらいて形成される**断層なんだよ。

海嶺や地溝帯はプレートが両側に離れて拡大するところなので，地震が起こると正断層ができやすいんだ（図5-2）。また，海溝はプレートが収束する境界なので，地震が起こると逆断層ができやすいんだよ。

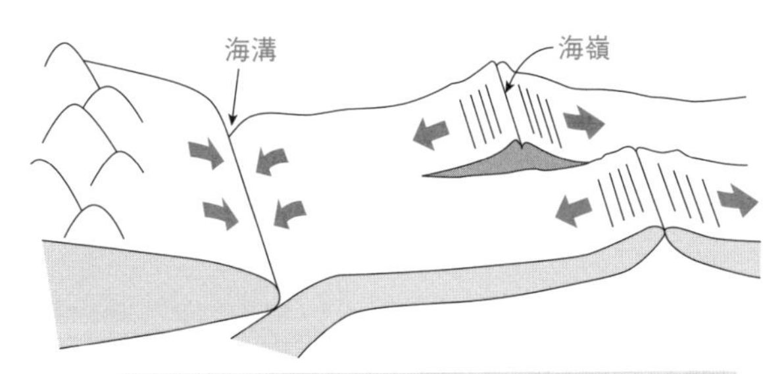

▲ 図5-2 海嶺と海溝付近でのプレートの運動

ポイント ▶ 海嶺と海溝付近の断層

- ▶**海嶺**では**正断層**が形成されやすい
- ▶**海溝**では**逆断層**が形成されやすい

水平方向にずれた断層は**横ずれ断層**というんだ。図5-3のように，横ずれ断層には，**右横ずれ断層**と**左横ずれ断層**があるんだよ。

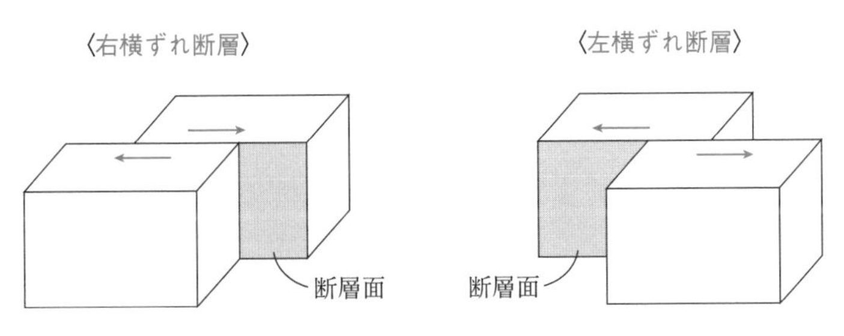

▲ 図5-3 右横ずれ断層と左横ずれ断層

右横ずれ断層と左横ずれ断層はどうやって区別するの？

図5-4のように，片方の岩盤に立って，他方の岩盤が右と左のどちらに動いているかを見ればいいんだよ。右に動いていれば右横ずれ断層，左に動いていれば左横ずれ断層となるんだ。どちらの岩盤に立って見ても結果は同じだよね。

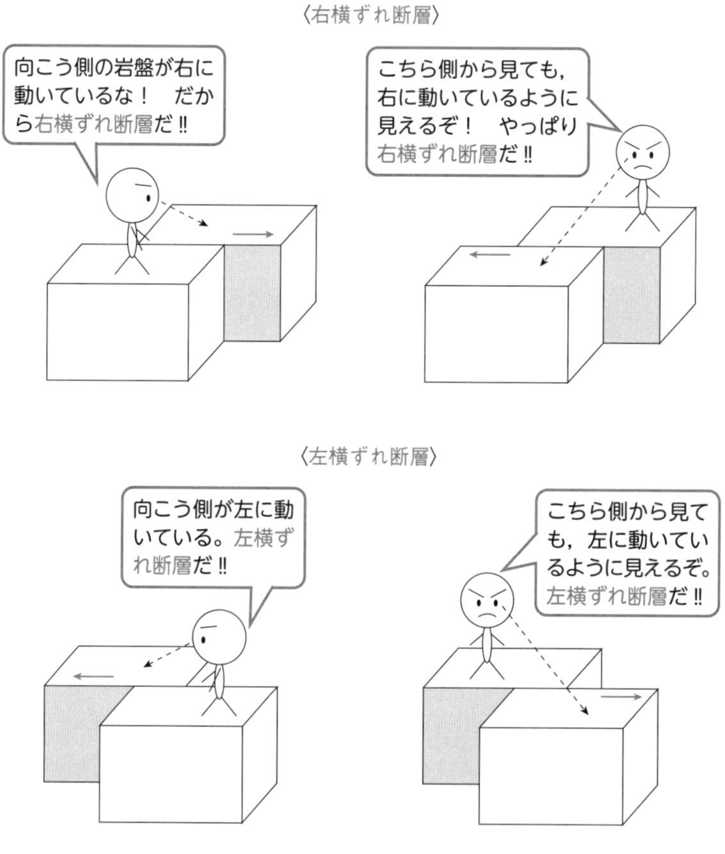

〈右横ずれ断層〉

向こう側の岩盤が右に動いているな！　だから右横ずれ断層だ!!

こちら側から見ても，右に動いているように見えるぞ！　やっぱり右横ずれ断層だ!!

〈左横ずれ断層〉

向こう側が左に動いている。左横ずれ断層だ!!

こちら側から見ても，左に動いているように見えるぞ。左横ずれ断層だ!!

▲ **図5-4**　横ずれ断層の区別

2 褶　曲

岩石や地層が曲げられている構造を褶曲（しゅうきょく）というんだ。褶曲した地層の中で，山のように曲げられている部分を**背斜**（はいしゃ），谷のように曲げられている部分を**向斜**（こうしゃ）というんだよ（図5-5）。また，曲がりが最も大きい部分を褶曲軸（じく）というんだ。

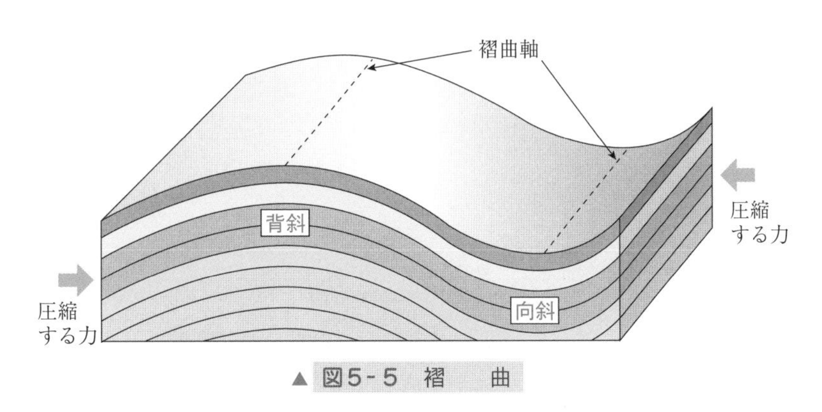

▲ 図5-5　褶　曲

一般に，地層は水平に堆積してできるけど，水平な地層がどのようにして，図5-5のように曲げられたのだろう？

逆断層ができるときと同じように，両側から圧縮する力がはたらけばできると思うな。

そのとおりだよ。

褶曲は，褶曲軸と直交する方向から圧縮されてできるんだ。

アルプス山脈やヒマラヤ山脈では，大陸プレートどうしの衝突によって，地層や岩石が圧縮されたため，大規模な褶曲構造が見られるんだよ。

ポイント ▶ 褶　曲

背　斜　地層や岩石が山のように曲げられている部分
向　斜　地層や岩石が谷のように曲げられている部分

チェック問題

地層と断層に関する次の問いに答えよ。

問1　次の図1に模式的に示した断層の種類と，この断層の周辺の岩盤への力のはたらき方との組合せとして最も適当なものを，後の①～④のうちから1つ選べ。

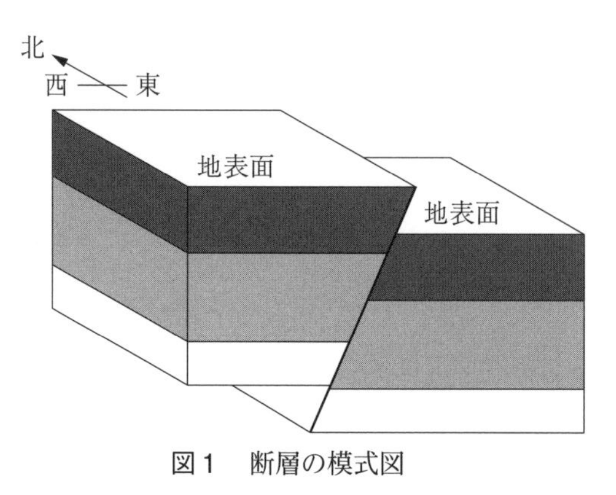

図1　断層の模式図

	断層の種類	力のはたらき方
①	正断層	東西方向の引っぱり
②	正断層	東西方向の圧縮
③	逆断層	東西方向の引っぱり
④	逆断層	東西方向の圧縮

問2　断層がくり返し活動すると，特徴的な地形が形成されることがある。ある地域では，次の図2に示す地図のように，川が横ずれ断層のところで屈曲している。地震が5000年に1回発生し，地震のたびに断層が水平に2mずつ，同じ向きにずれたとすると，この場所で断層が活動を開始したのはおよそ何万年前か。下の①～④のうちから1つ選べ。ただし，川は断層が活動する前，北から南へ一直線に流れており，断層の活動のみによってずれたものとする。［　　　］万年前

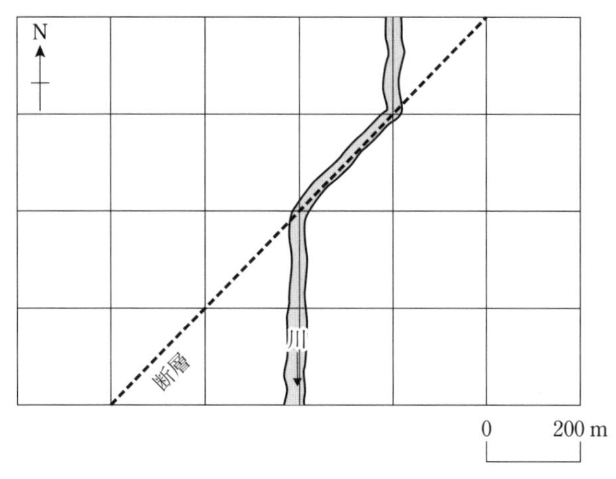

図２　断層と川の位置関係を示す平面図
破線は断層を表す。

① 35　② 70　③ 105　④ 140

解答・解説

問１　④　　問２　②

問１　図１の岩盤は，左側が上盤，右側が下盤である。上盤が下盤の上にのし上がっているので，図１の断層は逆断層である。また，逆断層は岩盤に圧縮の力がはたらいて形成される。

問２　図２より，断層のずれは，

$200 \times \sqrt{2} = 200 \times 1.4 = 280$〔m〕

である。断層は地震のたびに水平方向に２m ずつ動くので，この断層は活動を開始してから，$280 \div 2 = 140$ 回動いたことになる。地震は 5000 年に１回発生するので，断層が活動を開始したのは，

$5000 \times 140 = 700000$〔年前〕（70 万年前）

である。

変成岩

1 接触変成岩

岩石が高い温度や高い圧力のもとに長くおかれると，岩石中の鉱物が他の鉱物に変わったり，岩石の組織が変わったりして，もとの岩石とは違う新しい岩石ができるんだ。このようにしてできた岩石を**変成岩**といい，変成岩を作り出す作用を**変成作用**というんだよ。

地殻を構成している岩石は，火成岩，堆積岩，変成岩の 3 種類があるんだよ。これらはそのでき方によって分類されているんだ。この 3 種類の岩石のでき方をひとつずつしっかりと理解することが，岩石についての知識を整理することになるはずだよ。

では，変成作用はどこでどのようにして起こるのだろう。変成作用は高い温度や高い圧力のもとで起こるから，地球内部でそのような場所がどこにあるのかを考えてみるといいよね。

それでは，マグマが地下から貫入して(岩石中に入り込んで)きたことを考えてみよう。マグマの周囲は温度が高くなっているので，マグマの接触部から幅数十〜数百 m にわたって，岩石は変成作用を受けるんだ。このような変成作用を**接触変成作用**といい，この作用でできた岩石を**接触変成岩**というんだよ。

泥岩や砂岩の地層に高温のマグマが貫入してくると，泥岩や砂岩は接触変成作用を受けて**ホルンフェルス**という変成岩になるんだ(図**6-1**)。ホルンフェルスはかたくて緻密(ちみつ)な組織をもつ岩石で，鉱物が一定の方向に配列するような方向性は見られないんだよ。

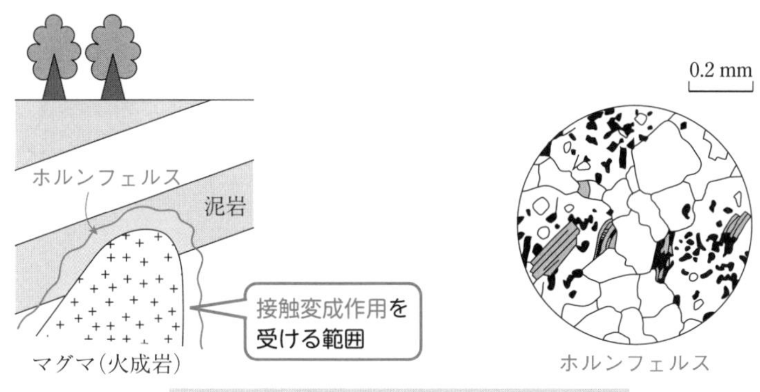

▲ 図6-1　接触変成作用とホルンフェルス

石灰岩の地層に高温のマグマが貫入してくると，石灰岩が接触変成作用を受けて**結晶質石灰岩(大理石)**という変成岩になるんだ(図6-2)。結晶質石灰岩は，肉眼で見ることができるくらいの粗粒な**方解石**(炭酸カルシウム $CaCO_3$ でできた鉱物)が集まってできているんだよ。石灰岩は堆積岩だけど，結晶質石灰岩は変成岩だから，間違えないようにね。

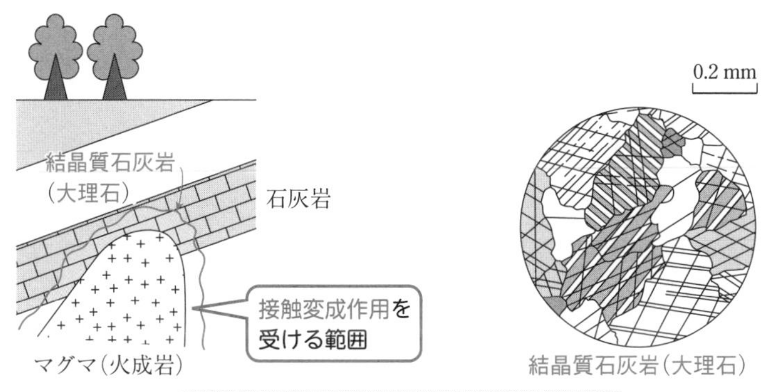

▲ 図6-2　接触変成作用と結晶質石灰岩

ポイント 接触変成岩

ホルンフェルス

方向性がなく，かたくて緻密な組織をもつ岩石

▶泥岩や砂岩が接触変成作用を受けてできる

結晶質石灰岩(大理石)

粗粒な方解石が集まってできている岩石

▶石灰岩が接触変成作用を受けてできる

2 広域変成岩

プレートの沈み込み境界(沈み込み帯)では，地下に温度や圧力の高い部分が帯状に分布する(図6-3)。このような場所で起こる変成作用を**広域変成作用**といい，この作用でできた岩石を**広域変成岩**というんだ。

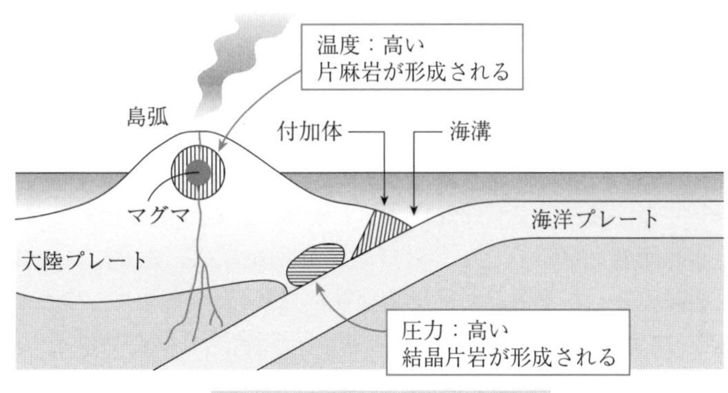

▲ 図6-3　広域変成岩の形成場

日本列島のような島弧の火山は，海溝と平行に分布している。火山の地下にはマグマが存在するから，地下の温度が高い部分も海溝と平行に帯状に分布しているんだ。

このような火山が分布する地域の地下では変成作用が起こり，**片麻岩**とよばれる広域変成岩ができるんだよ。片麻岩は，粗粒の鉱物で構成され，**黒い部分と白い部分の縞模様**が発達している岩石なんだ(図6-4)。

また，海溝付近は大陸プレートと海洋プレートの収束する境界であるから，地下の岩石は高い圧力を受ける。このような場所でも変成作用が起こり，**片岩**とよばれる広域変成岩ができるんだよ。

片岩は，高い圧力によって，鉱物が一定の方向に配列しているため，**一定の方向に割れやすい面が発達している**んだ(図6-5)。片岩における一定の方向に割れやすい面を**片理**というんだよ。

地球の内部は，深いところほど温度と圧力が高くなるけど，
特に温度や圧力が高くなっている場所があるんだね。
広域変成岩はそういう場所でできるんだ!!

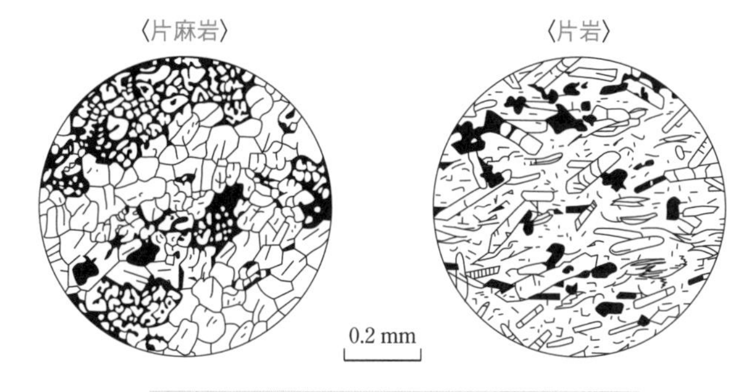

▲ 図6-4　顕微鏡で観察した片麻岩と片岩

▲ 図6-5　緑色と黒色の片岩

ポイント 広域変成岩

片麻岩

▶黒い部分と白い部分の縞模様が見られる

▶温度が高いところで広域変成作用を受けてできる

片　岩

▶一定の方向に割れやすい面(片理)が発達している

▶圧力が高いところで広域変成作用を受けてできる

チェック問題 標準 5分

変成岩に関する次の問いに答えよ。

問1　接触変成岩と広域変成岩の岩石の組合せとして最も適当なものを，次の①～⑥のうちから１つ選べ。

	接触変成岩	広域変成岩
①	花こう岩	ホルンフェルス
②	片麻岩	玄武岩
③	大理石	片岩
④	花こう岩	片岩
⑤	片麻岩	ホルンフェルス
⑥	大理石	玄武岩

問2　片麻岩の特徴を述べた文として最も適当なものを，次の①～④のうちから１つ選べ。

①　砂岩および泥質岩が高温で変成し，石英に富む白色部と黒雲母に富む黒色部からなる縞状の組織がみられる。

②　変成作用で形成された，粗粒の長石，石英，黒雲母などの等粒状の組織をつくり，縞状の組織はみられない。

③　石灰岩が高温の変成を受けたため，方解石が再結晶し，より大きな結晶に成長して，等粒状の組織を示す。

④　泥質起源の高温の変成岩で，方向性はほとんどみられず，細かい結晶の間にきんせい石，黒雲母などが比較的大きく成長している。

問3　変成作用およびそれによって生じる岩石について述べた文として，誤っているものを，次の①～④のうちから１つ選べ。

①　片岩では，変成鉱物が一方向に配列した組織が見られ，面状にはがれやすい。

②　接触変成作用は，マグマとの接触部から幅数十～数百 km にわたっておこる。

③　片麻岩は鉱物が粗粒で，白と黒の縞模様が特徴である。

④　ホルンフェルスは硬くて緻密(ちみつ)である。

解答・解説

問1　③　　問2　①　　問3　②

問1　泥岩や砂岩が接触変成作用を受けるとホルンフェルスとなり，石灰岩が接触変成作用を受けると，結晶質石灰岩(大理石)となる。つまり，ホルンフェルスと大理石は接触変成岩である。片麻岩や片岩は，広域変成作用を受けてできた広域変成岩である。花こう岩と玄武岩は，マグマが冷却してできた火成岩であり，変成岩ではない。

問2　それぞれの選択肢を確認する。

① 片麻岩の説明である。

② 片麻岩には黒い部分と白い部分の縞状の組織が見られる。等粒状組織は，マグマがゆっくり冷え固まってできた火成岩(深成岩)に見られる。

③ 結晶質石灰岩(大理石)の説明である。

④ ホルンフェルスの説明である。きんせい石はケイ素や酸素に富む鉱物で，泥岩を起源とするホルンフェルスなどに見られることがある。

問3　それぞれの選択肢を確認する。

① 正しい文である。片岩では，高い圧力によって鉱物が一方向に配列した組織が見られる。

② 誤った文である。接触変成作用は，貫入してきたマグマの接触部から幅数十～数百 m で起こる。

③ 正しい文である。片麻岩は，白い部分と黒い部分の縞模様が見られる広域変成岩である。

④ 正しい文である。ホルンフェルスは，泥岩や砂岩が接触変成作用を受けてできた硬くて緻密な接触変成岩である。

7時間目 第1章　地球の活動
地　震

1 地震の発生

日本は世界の中でも特に地震の多い国であるから，地震について学習する意味は大きいよね。

地震は地下の岩盤が破壊されたときに発生するんだ。このとき，破壊された面を境に岩盤がずれるので，断層ができるんだよ。岩盤の破壊が始まったところを**震源**といい，その真上の地表の地点を**震央**というんだ(図7-1)。また，地震を発生させた断層を**震源断層**といい，断層がずれた範囲を**震源域**というんだよ。

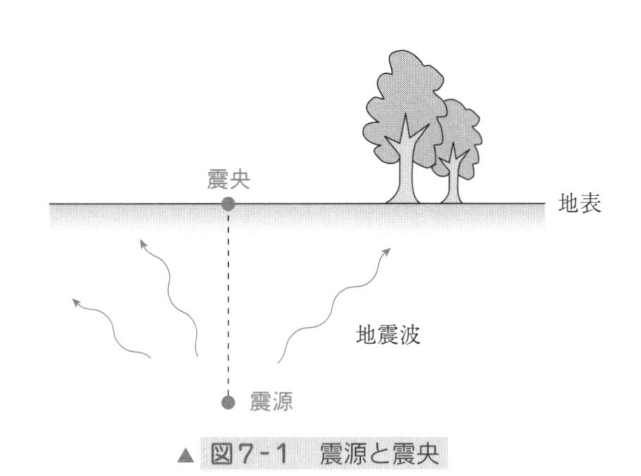

▲ 図7-1　震源と震央

地震が発生したとき，震源から伝わってくる地震波には，P波とS波がある。地表付近の岩石中を伝わる地震波の速度は，P波が5～7 km/s，S波が3～4 km/sで**P波のほうがS波よりも速く伝わる**んだ。つまり，地震が発生したとき，観測点にはP波が先にやってくるんだよ。

P波は最初にやってくる波だから「**Primary wave**」といい，S波は2番目にやってくる波だから「**Secondary wave**」というんだ。

Primary と Secondary の頭文字をとって，P波とS波というんだね。

P 波や S 波が観測点に到達すると，どのようにゆれるのだろうか。図 7-2 は，観測点の地震計による地震動の記録だよ。

はじめに，小さなゆれが観測されているよね。このゆれは**初期微動**とよばれるものだ。P 波は観測点に最初にやってくる波だから，初期微動は P 波によって引き起こされるものだよ。

初期微動の後には，大きなゆれが見られるよね(図 7-2)。これは**主要動**とよばれるものだ。主要動は，P 波の後にやってくる S 波によって引き起こされるものだよ。また，P 波が到着してから S 波が到着するまでの時間を**初期微動継続時間**(**PS 時間**)というんだ。

S 波が到着した後には，**表面波**が到着してゆれが生じることがある。表面波は地表を伝わり，減衰しにくいという性質があるんだ。表面波が地表を伝わる速度は，およそ 3 km/s だよ。

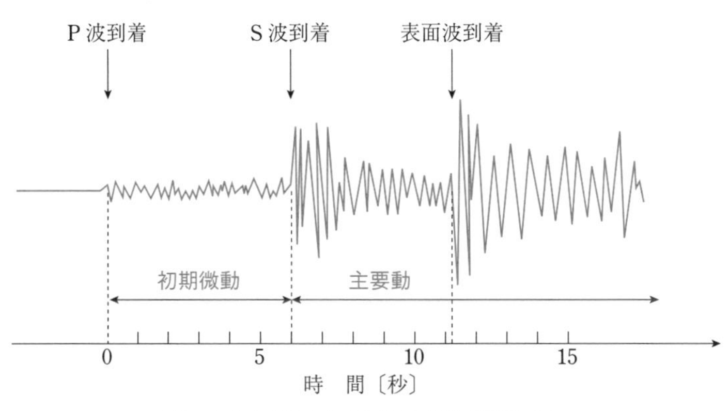

▲ 図 7-2　地震計による地震動の記録

ポイント ▶ 地 震 波

P 波 ▶ 地表付近での速度は 5 ～ 7 km/s
S 波 ▶ 地表付近での速度は 3 ～ 4 km/s
表面波 ▶ 地表を伝わる速度はおよそ 3 km/s

2 震度とマグニチュード

地震が起こると地面がゆれる。ある場所における地震動の強さの尺度を**震度**というんだ。気象庁による震度階級の区分では，**震度は０～７までの10階級に分けられている**んだよ。

震度は０～７までなのに，なんで10階級なの？

それは，**震度５と震度６には強と弱の区別がある**からなんだ。ニュースなどで，「震度５弱」とか「震度５強」という言葉を耳にしたことがあるんじゃないかな。震度５と震度６を強と弱に分けると，10階級に区分できるよね。

震度は，地盤のかたさや地下構造によって変化するけど，震源の浅い地震では震源に近いほど大きく，震源から離れるほど小さくなる傾向があるんだ(図7-3)。

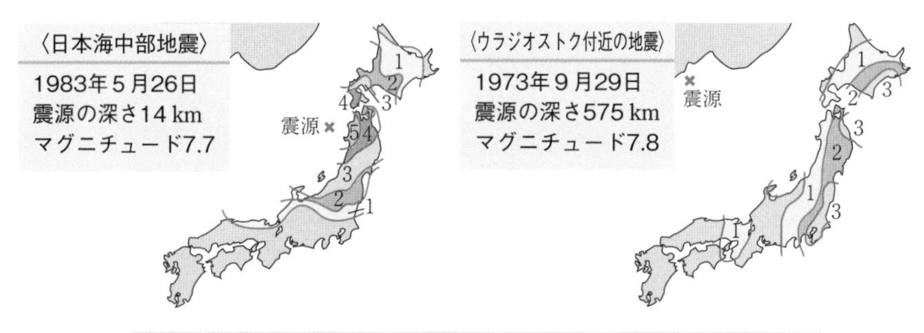

▲ 図7-3　震源の浅い地震(左)と震源の深い地震(右)の震度分布

ところが，**震源の深い地震では，震央から遠く離れた地域のほうが，震央の近くよりも大きくゆれることがある**んだ。このような場所を**異常震域**というんだよ。

なんで，震央から遠いところのほうが大きくゆれるの？

日本の太平洋側では，海洋プレートが沈み込んでいるんだったよね(図7-4)。**地震波は，沈み込んだ海洋プレートの中をよく伝わるという性質がある**んだ。つまり，沈み込んだ海のプレート内部で地震が発生すると，地震波が海洋プレートを伝わって，日本の太平洋側を大きくゆらすようなことが起こるんだよ。

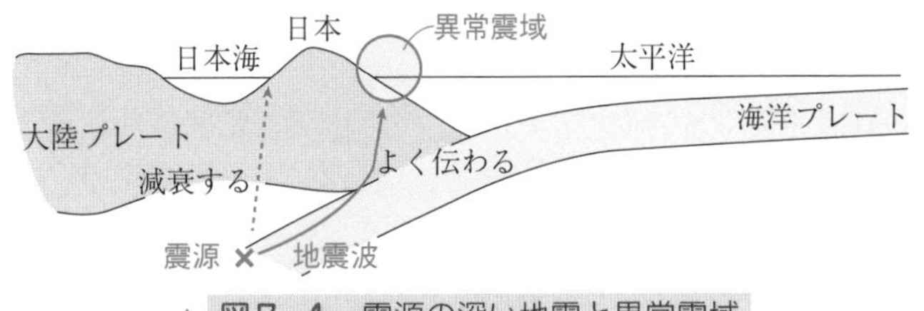

▲ 図7-4 震源の深い地震と異常震域

地震の規模は**マグニチュード**(M)で表されるんだ。地震の規模とは，地震のときに放出されたエネルギーのことだよ。

つまり，マグニチュードと地震のエネルギーの間には，一定の関係があるんだ。**表7-1**は，その関係を示したものだよ。

マグニチュード	エネルギー〔J〕
7.0	2.0×10^{15}
6.0	6.3×10^{13}
5.0	2.0×10^{12}
4.0	6.3×10^{10}

1000倍
1000倍

▲ **表7-1** マグニチュードとエネルギー

マグニチュードが2大きくなると，地震のエネルギーは1000倍になるんだ(**表7-1**)。また，マグニチュードが1大きくなると，$\sqrt{1000}\fallingdotseq 32$であるから，地震のエネルギーは約32倍になるんだよ。

ポイント 震度とマグニチュード

震　度　ある場所での地震動の大きさ
▶気象庁震度階級では0〜7の10階級に区分されている
(震度5と6には強と弱がある)

マグニチュード　地震のときに放出されたエネルギーの大きさ
▶2大きくなるとエネルギーは1000倍になる

3 震源の決定

初期微動継続時間(PS 時間)を T〔秒〕，震源距離(観測点から震源までの距離)を D〔km〕とすると，

$\boldsymbol{D = kT}$（k は約 8 km/s）

という関係があるんだ。この式を**大森公式**というんだよ。

震源距離 D と初期微動継続時間 T には一定の関係があるので，初期微動継続時間がわかれば，大森公式を用いて，観測点から震源までの距離を推定することができるんだ。たとえば，ある観測点で初期微動継続時間 T が 4 秒であれば，大森公式より，震源までの距離 D は約 32 km と推定できるよね。

どうして，このような関係式が成り立つの？

P 波の速度を V_P〔km/秒〕，S 波の速度を V_S〔km/秒〕とすると，P 波が震源から観測点へ到着するのにかかる時間は $\frac{D}{V_P}$〔秒〕，S 波が震源から観測点へ到着するのにかかる時間は $\frac{D}{V_S}$〔秒〕と表すことができるよね。

時　間＝$\frac{\text{距　離}}{\text{速　さ}}$

ここで，初期微動継続時間 T は，P 波が到着してから S 波が到着するまでの時間の差だから，$T = \frac{D}{V_S} - \frac{D}{V_P}$ と表すことができるんだ。

この式を変形すると，$T = \frac{D}{V_S} - \frac{D}{V_P} = \frac{V_P - V_S}{V_P \cdot V_S} D$ となるよね。

これを D について解けば，

$$\boldsymbol{D = \frac{V_P \cdot V_S}{V_P - V_S} T}$$

となり，大森公式を導くことができたわけだ。

つまり，大森公式の比例定数 k は，$\frac{V_P \cdot V_S}{V_P - V_S}$ と表すことができるんだよ。

たとえば，$V_P = 5$〔km/秒〕，$V_S = 3$〔km/秒〕とすると，

$$k = \frac{V_P \cdot V_S}{V_P - V_S} = \frac{5 \times 3}{5 - 3} = 7.5 \fallingdotseq 8$$

となるよね。

ポイント 大森公式

▶震源距離 D〔km〕は初期微動継続時間 T〔秒〕に比例する

$\boldsymbol{D = kT}$（k は比例定数で，約 8 km/s）

大森公式などを利用して，3つ以上の観測点で震源距離がわかれば，作図によって震央の位置を決定する方法があるんだ。その方法を図7-5に示しておくよ。

(1) 観測点A，B，Cにおいて，観測した初期微動継続時間から大森公式を用いて震源距離を求め，各観測点を中心にして半径が震源距離となる円を描く。例えば，観測点Aでの震源距離が30 kmであれば，観測点Aを中心とする半径30 kmの円を描く。

(2) 作図した円に共通な弦を引くと，その交点（点E）が震央となる。

(3) 震央Eがわかれば，地図上で震央距離（観測点Aと震央Eの距離）を読みとることができ，三平方の定理を利用して，震源の深さを求められる。

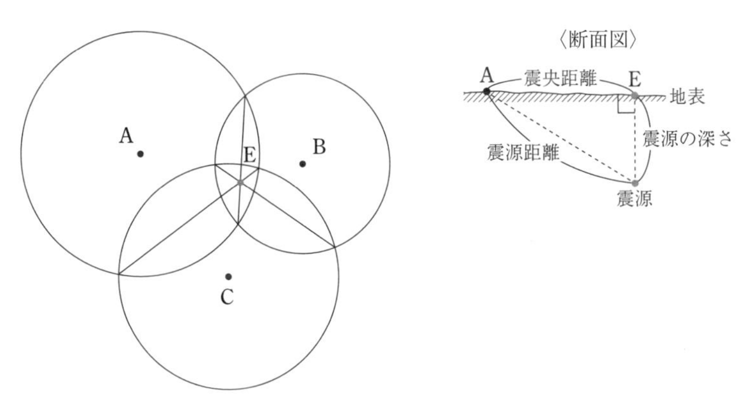

▲ 図7-5　作図による震央の決定

チェック問題

地震波に関する次の文章を読み，下の問いに答えよ。

問1　次の図は，ある地域における震源距離と地震発生からＰ波到達までの時間との関係を示したものである。また，この地域では，震源距離 D〔km〕と初期微動継続時間 T〔秒〕について，$D=8.0\,T$ という関係がある。

この地域で発生したある地震において，地震発生から3.0秒後に緊急地震速報が受信された。震源距離40 km の場所では，Ｓ波到達は緊急地震速報の受信後何秒後か。その数値として最も適当なものを，下の①～④のうちから１つ選べ。ただし，緊急地震速報はこの地域全域において同時に受信されるとする。［　　］秒後

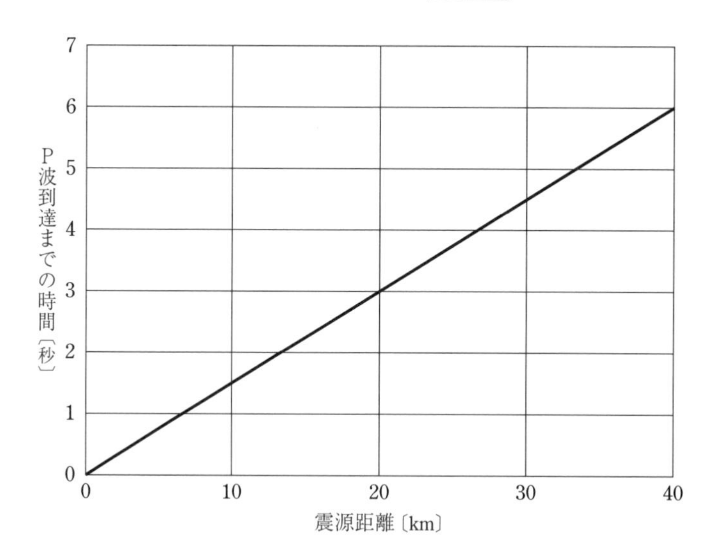

図　震源距離と地震発生からＰ波到達までの時間との関係

①　3.0　　②　5.0　　③　6.0　　④　8.0

問2　地震の震度やマグニチュードについて述べた文として最も適当なものを，次の①～④のうちから１つ選べ。

① ある地点の地震によるゆれ(地震動)の強さは，震度階級で表される。

② 震度階級が一つ大きくなると，地震のエネルギーは約 32 倍になる。

③ 震源からの距離が遠くなるにつれて，マグニチュードは小さくなる。

④ マグニチュードが大きいほど初期微動継続時間は長い。

解答・解説

問1 ④ 問2 ①

問1 震源距離 40 km の場所での初期微動継続時間を T とすると，$40 = 8.0\,T$ より，$T = 5.0$ 秒である。また，震源距離 40 km の場所では，図より，地震発生の 6.0 秒後に P 波が到達したことがわかる。初期微動継続時間は P 波が到達してから S 波が到達するまでの時間の差であるから，震源距離 40 km の場所では，地震発生の $6.0 + 5.0 = 11.0$ 秒後に S 波が到達した。一方，緊急地震速報は地震発生の 3.0 秒後に受信されている。したがって，震源距離 40 km の場所では，S 波到達は緊急地震速報の受信から，

$11.0 - 3.0 = 8.0$〔秒後〕

である。

問2 それぞれの選択肢を確認する。

① 正しい文である。

② マグニチュードが 1 大きくなると，地震のエネルギーは約 32 倍になる。

③ マグニチュードは地震で放出されたエネルギーの大きさを表し，距離によって変化するものではない。

④ 震源距離が遠いほど，初期微動継続時間は長くなる。

8時間目　地震の分布と災害

1 地震の分布

図8-1は，深さ 100 km より浅い地震の分布を示したものだよ。浅い地震の多くは，プレートの境界付近で発生しているよね。

図8-2は，深さ 100 km より深い地震（**深発地震**（しんぱつじしん））の分布を示したものだよ。深い地震の多くは，プレートの沈み込み境界で発生しているんだ。

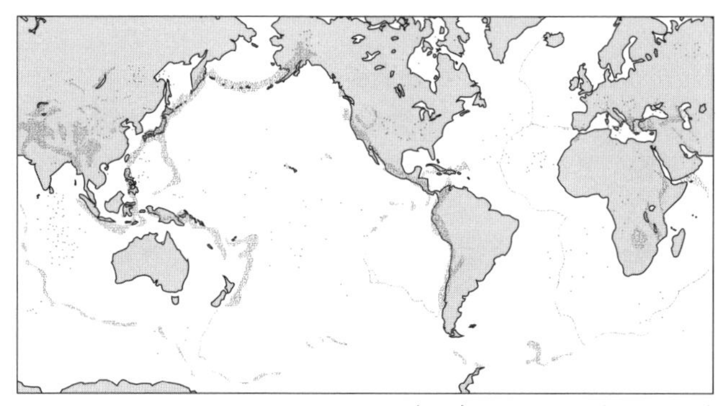
1975〜1994年に起こった M 4 以上の地震

▲ 図8-1　深さ100 kmより浅い地震の分布

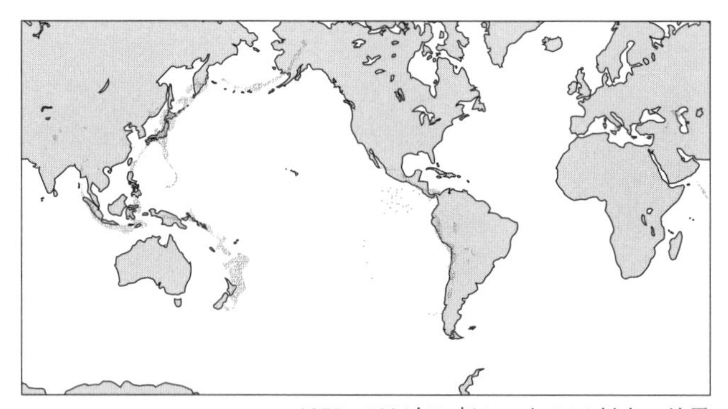
1975〜1994年に起こった M 4 以上の地震

▲ 図8-2　深さ100 kmより深い地震の分布

日本の地震が気になるよね。

では，日本付近をもう少し詳しく見てみよう。

図8-3は，日本付近の地震の分布を示したものだよ。震源の深さが 100 km より浅い地震は，日本列島のいたるところで発生しているけど，**震源の深さが 100 km より深い地震（深発地震）は，海溝から大陸に向かって，震源が深くなっている**んだ。

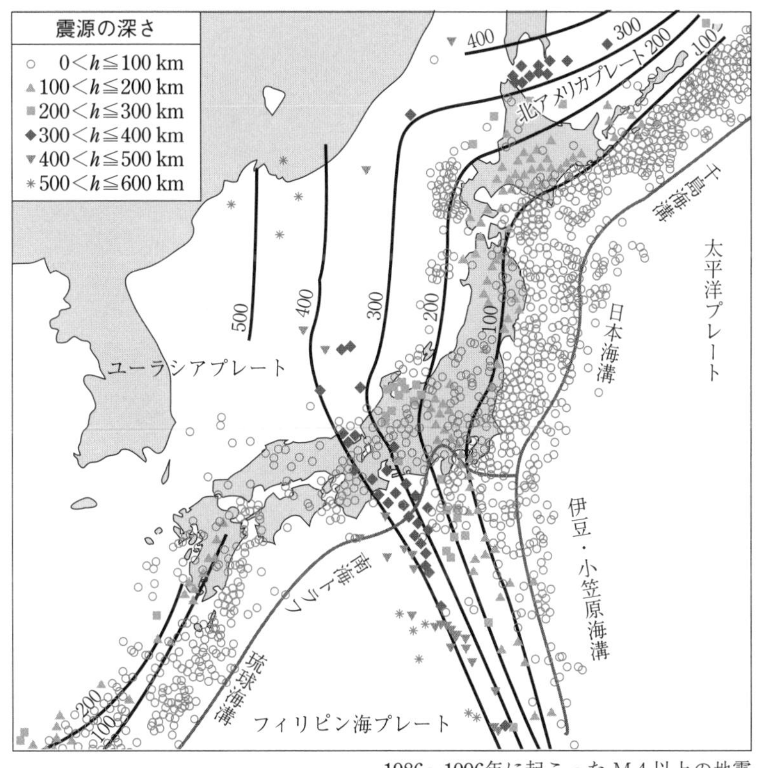

1986〜1996年に起こった M4 以上の地震

▲ 図8-3　日本付近の地震の分布

2 プレート内地震

図8-3を別の視点から見てみよう。図8-4は，東北地方における震源分布の断面図だよ。断面図を見ると，海溝から大陸に向かって，深発地震の震源が深くなっていることを確認できるよね。

日本の地下で起こる深発地震は，海溝から大陸の下に沈み込む海洋プレートの内部で起こっているんだ。海洋プレートの内部で起こる地震は**海洋プレート内地震**というんだよ。

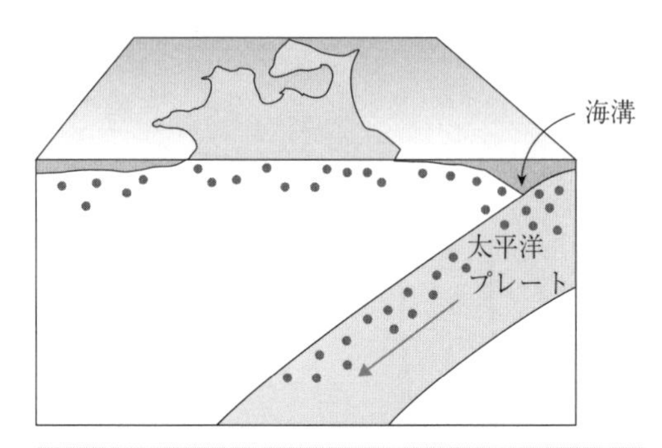

▲ 図8-4　東北地方における震源分布の断面図

日本列島では，大陸プレート内部の浅いところでも地震が起こっているよね（図8-4）。このような地震を**大陸プレート内地震**（内陸地殻内地震）というんだ。

日本列島は，プレートの収束する境界にあるため，水平方向に押される力がはたらいているんだよ。この力によって，岩盤が破壊されて，地震が発生するんだ。

内陸で起こる地震は，マグニチュードが小さくても，浅いところで起こるから，震度が大きくなることもある。最近では，1995 年の兵庫県南部地震，2004 年の新潟県中越地震，2016 年の熊本地震，2018 年の北海道胆振（いぶり）東部地震，2024 年の能登（のと）半島地震などで，震度 7 を観測したんだよ。

地震は連続して起こることがある。連続して発生した地震のうち最も大きな地震を**本震**といい，その後，引き続いて起こる地震を**余震**というんだ。余震が発生した領域は**余震域**というんだよ。

本震を起こした震源断層の範囲は，余震の分布から推定できるんだ。**図8-5**は，1995年の兵庫県南部地震の余震の分布を示したもので，余震域が広がっている北東－南西方向に，震源断層がのびていたんだよ。

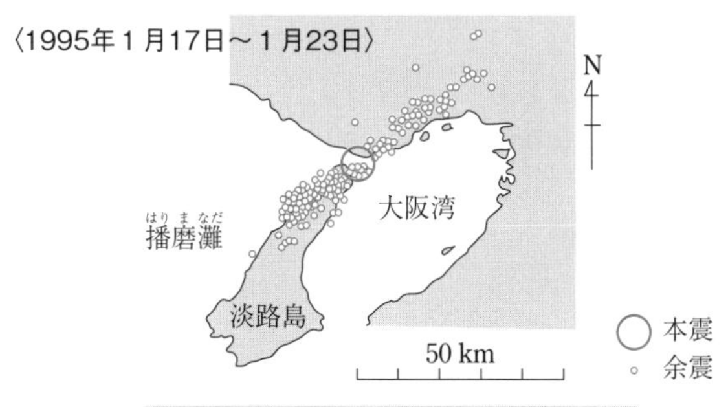

▲ 図8-5　兵庫県南部地震の余震分布

大陸プレート内地震(日本列島の内陸で起こる地震)は，地殻内の断層がくり返し活動して起こることが多い。過去数十万年の間にくり返し活動し，今後も活動すると思われる断層を**活断層**というんだ。

ポイント ▶ プレート内地震

大陸プレート内地震

大陸プレートの内部(日本列島の内陸など)で発生する地震

▶地殻の浅いところで発生する

▶同じ断層がくり返し活動して発生することが多い

活断層

過去数十万年の間にくり返し活動し，今後も活動すると思われる断層

3 プレート境界地震

図8-6は，室戸(むろと)岬における地殻の上下変動を示したものだよ。**室戸岬はふだんは徐々に沈降しているけど，1946 年に突然大きく隆起している**よね。どのようにして，このような地殻の上下変動が起こったのだろう？

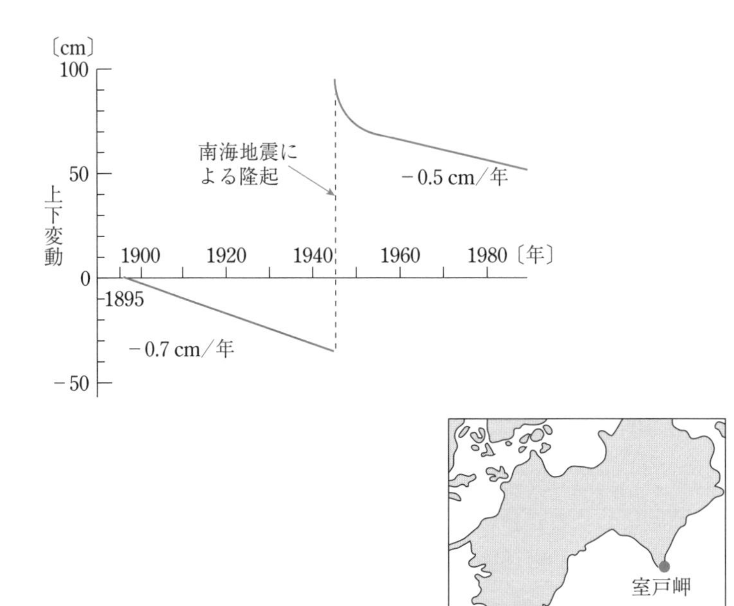

▲ 図8-6　室戸岬における地殻の上下変動

室戸岬は，ユーラシアプレートの上にあり，この沖合いの南海トラフでは，フィリピン海プレートがユーラシアプレートの下に沈み込んでいるんだったよね。

海洋プレート（フィリピン海プレート）が沈み込むとき，大陸プレート（ユーラシアプレート）の先端は海洋プレートにひきずり込まれているんだ（図8-7）。そのため，大陸プレートの上にある室戸岬は，徐々に沈降していくんだよ。

大陸プレートと海洋プレートが接触しているから，引きずり込まれるんだね。

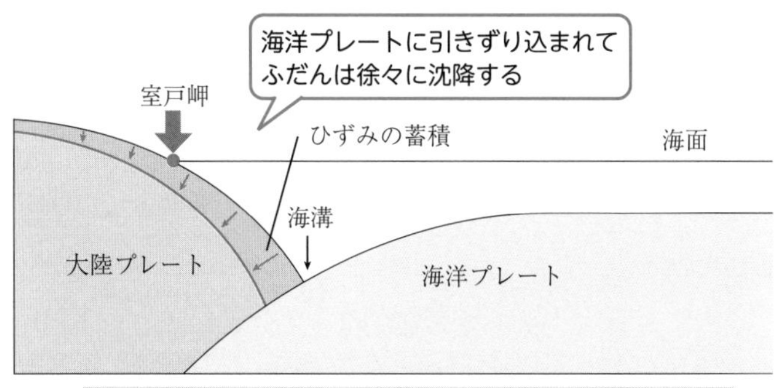

▲ 図8-7　海洋プレートの沈み込みにともなう地殻変動

ところが，引きずり込まれた大陸プレートのひずみが限界に達すると，大陸プレートと海洋プレートの接触部で岩盤の破壊が起こって，大地震が発生するんだよ。

このとき，蓄積されていたひずみが解放されるため，大陸プレートの上にある室戸岬は，もとの状態に戻るように急激に隆起するんだ(図8-8)。

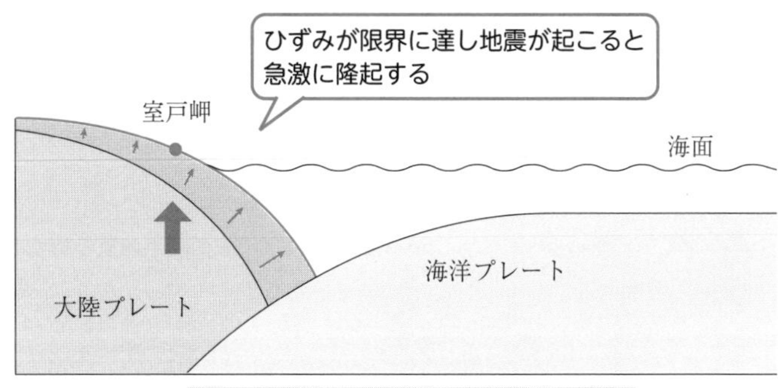

▲ 図8-8　大地震にともなう地殻変動

つまり図8-6で，1946年に室戸岬が大きく隆起しているのは，このとき，プレートの境界で巨大地震が発生したからなんだ。1946年には，室戸岬の沖合いを震源とするマグニチュード8.0の南海地震が起こったんだよ。このような大陸プレートと海洋プレートの境界で起こる地震を**プレート境界地震**というんだ。

プレート境界地震は，プレートの沈み込みが続く限り，今後もくり返し発生する可能性が高いと考えられているんだよ。過去の日本付近の地震を調べると，海溝沿いの地域で大きな地震が起こっていることがわかるんだ(図8-9)。

2011 年の東北地方太平洋沖地震もプレート境界地震の 1 つで，太平洋プレートが北アメリカプレートの下に沈み込むことによって発生した地震なんだよ。

▲ 図8-9　日本付近の主な地震

ポイント　プレート境界地震

▶**大陸プレートと海洋プレートの境界で発生する**

1946 年の南海地震や 2011 年の東北地方太平洋沖地震など

4 地震災害

水を含んだ砂の地盤が，地震動によって地盤全体が液体のようにふるまうことがある。このような現象を**液状化現象**というんだ。

地震発生の前には，砂の粒子どうしはしっかりと結合しているんだけど，地震動によって，砂の粒子の結合が弱まって水中に浮遊するような状態になってしまうんだよ。

液状化現象が起こると，建物が地面に埋もれたり，倒壊したりすることがある。また，軽い水は，地盤のすき間から噴出することもあるんだ。水が抜けた後には，砂の粒子とともに地盤が低下することがあるんだよ。

地震にともなって，海底が隆起したり沈降したりすると，**津波**が発生することがある。海底が隆起すると，その上の海水が持ち上げられてまわりの海域に流れ出し，津波となるんだ(**図8-10**)。逆に，海底が沈降すると，まわりから海水が流入することになるよね。

津波が海岸に押し寄せると，大きな被害をもたらすことがある。特に，湾の奥が狭まっているところでは，津波の波高が非常に高くなる傾向があるんだ。

近くで発生した津波は数分後に押し寄せることもあるけど，遠方で発生した津波は数時間後に押し寄せることもあるんだよ。また，津波の周期は数十分なので，数十分後に第2波が押し寄せることもあるんだ。

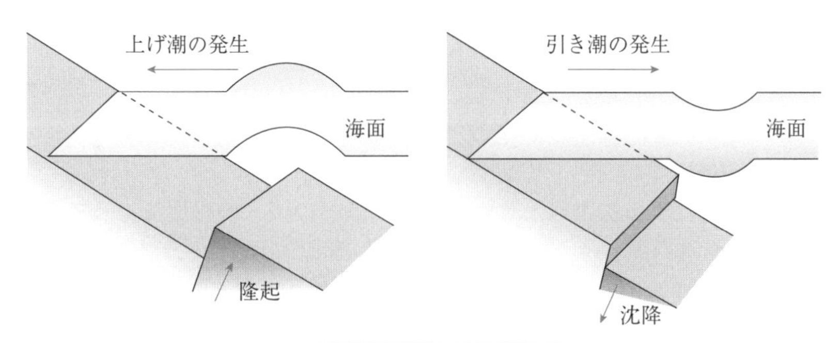

▲ 図8-10　津波の発生

ポイント ▶ 地震災害

液状化現象▶水を含んだ砂の地盤が液体のようにふるまう
津　　　波▶海底の隆起や沈降によって発生する

チェック問題

地球の環境と自然災害に関する次の問いに答えよ。

問1　次の文章中の［ア］・［イ］に入れる語の組合せとして最も適当なものを，後の①～④のうちから1つ選べ。

日本の大都市の多くは，河口に近い平坦な低い土地(低平地)に立地している。このような場所は，河川から運び込まれた土砂が堆積し，［ア］地盤が広がっているため，地震発生時には強い揺れによる被害が起こりやすい。また，水を多く含む地盤では，強い振動を受けると砂粒子が水に浮いたような状態になり，建物が傾いたり，マンホールが浮き上がったりする。地震後には，砂粒子の間の水が抜け，砂粒子がより密に配列するため，地盤が［イ］することがある。

	ア	イ
①	かたくしまった	上　昇
②	かたくしまった	低　下
③	軟弱な	上　昇
④	軟弱な	低　下

問2　次の文章中の［ウ］・［エ］に入れる語の組合せとして最も適当なものを，後の①～④のうちから1つ選べ。

津波による被害は，その高さや内陸への侵入の程度によって異なる。津波の高さは，海の深さが浅くなるにつれて［ウ］なる。また，津波が押し寄せてから次に押し寄せるまでの時間(周期)は［エ］で，海水は，その周期の半分程度の時間にわたって，内陸に向かって流れ続ける。

	ウ	エ
①	低　く	数十秒
②	低　く	数十分
③	高　く	数十秒
④	高　く	数十分

解答・解説

問1　④　　問2　④

問1　ア　河口付近の平坦な低い土地は，河川の氾濫などによって土砂が堆積し，軟弱な地盤となっているところが多い。

イ　河川沿いの地域や埋め立て地など，地下水を含んだ砂の地盤では，地震動によって砂の粒子が水とともに液体のようにふるまうことがある。これを液状化現象という。地震後には，水が抜けて，砂の粒子とともに地盤が低下することがある。

問2　ウ　海の深さが浅いほど，津波の高さは高くなる傾向がある。

エ　津波は，第２波，第３波が押し寄せることもある。その周期は数十分である。

9時間目　火　山

1 火山噴火

日本は世界の中でも特に火山が多い国だよね。私たちは温泉や地熱発電などで火山の恩恵を受けているけど，火山はときには大きな災害をもたらすこともあるんだ。私たちの生活と関わりの深い火山について学んでいこう。

地下の岩石がとけたものを**マグマ**という。一般に，マグマはマントル上部の岩石がとけて発生するんだ。発生したマグマは周囲の岩石より密度が小さいため，浮力によって上昇してくるんだよ。上昇してきたマグマは，地下数 km の地殻中に一時的に蓄えられ，**マグマだまり**を形成するんだ（図９-１）。

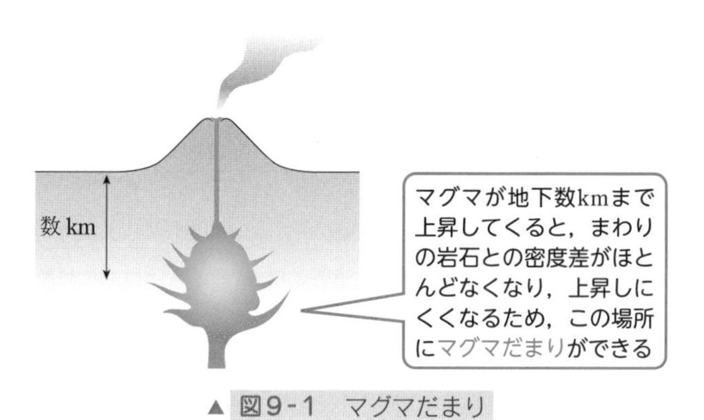

▲ 図９-１　マグマだまり

マグマの中には水蒸気（H_2O）などの揮発性成分（ガス成分）が含まれている。マグマがマグマだまりまで上昇してくると，マグマ内部の圧力が下がって，揮発性成分がマグマから分離するんだ。分離した揮発性成分は上昇して，マグマだまりの上部に集まる。この過程がくり返されると，マグマだまりの上部で揮発性成分の圧力が高まって噴火を起こすんだ。

参考 マグマ中の水蒸気量

マグマの中には水蒸気が含まれているけど，一般に地球内部の深いところほど，マグマにとけ込むことができる水蒸気量は多くなるんだ(図9-2)。つまり，マグマが上昇してくると，水蒸気がマグマにとけ込むことができなくなるから発泡する(マグマから分離する)んだよ。

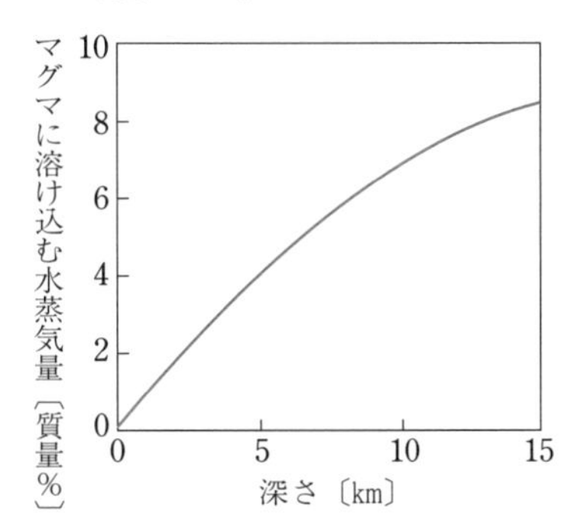

▲ 図9-2 マグマにとけ込む水蒸気量

参考 火山噴火のしくみ

炭酸飲料のびんをよく振ってから栓を抜くと，ジュースが一気に吹き出るよね。炭酸飲料には二酸化炭素がとけ込んでいるけど，びんを振ることによって，二酸化炭素が炭酸飲料から分離して，びんの中で二酸化炭素の圧力が高くなるんだ。だから，栓を抜くとその圧力によってジュースが吹き出るんだよ。火山の噴火も揮発性成分の圧力が内部で高まって起こるものだから，同じようなメカニズムなんだ(図9-3)。

▲ 図9-3 火山噴火のしくみ

2 火山噴出物

火山噴火によって地表に放出された物質を**火山噴出物**というんだ。火山噴出物は，溶岩，火山ガス，火山砕屑物(さいせつぶつ)(火砕物(かさいぶつ))に分けられるんだよ(図9-4)。

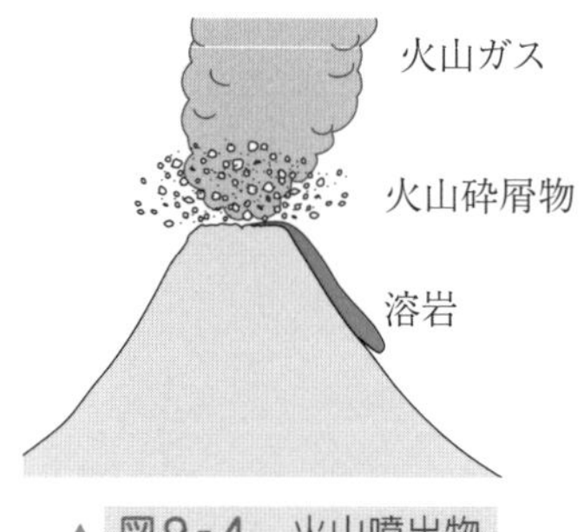

▲ 図9-4　火山噴出物

溶岩は，マグマが地表に噴出したものなんだ。流れているものも冷え固まったものも溶岩というんだよ。溶岩の表面には，特徴的な構造ができることがある。粘性の大きい溶岩の表面には**塊状(かいじょう)溶岩**とよばれる構造ができることがあり，粘性の小さい溶岩の表面には**縄状(なわじょう)溶岩**とよばれる構造ができることがあるんだよ(図9-5・図9-6)。

▲ 図9-5　塊状溶岩

▲ 図9-6　縄状溶岩

火山ガスは，マグマにとけていた揮発性成分が気体となったものなんだ。火山ガスの主成分は水蒸気(H_2O)だけど，二酸化炭素(CO_2)，二酸化硫黄(SO_2)，硫化水素(H_2S)なども含まれているんだよ。

火山砕屑物(**火砕物**)は，マグマや山体の一部が飛散したものなんだ。火山砕屑物は，粒子の大きさによって，火山灰(ばい)，火山礫(れき)，火山岩塊(がんかい)に分けられるんだよ(**表9-1**)。**火山灰**の直径は2mm以下であり，より大きなものが火山礫や火山岩塊なんだ。

火山岩塊	64 mm以上
火 山 礫	2〜64 mm
火 山 灰	2 mm以下

▲ 表9-1　粒子の大きさによる火山砕屑物の分類

火山砕屑物は，形によって分類されることもある。火山砕屑物のうち，特徴的な形をもつものを**火山弾**(だん)というんだ。火山弾には，紡錘状火山弾やパン皮状火山弾などがあるんだよ。

また，水蒸気などのガスが抜けることによって，表面に多数の穴ができたものもあるんだ。このような火山砕屑物のうち，白っぽいものを**軽石**といい，黒っぽいものを**スコリア**というんだよ(図9-7・図9-8)。

▲ 図9-7　軽　石

▲ 図9-8　スコリア

ポイント ▶ 火山砕屑物

火山砕屑物　噴火によってマグマや山体の一部が飛散したもの

▶大きさによる分類　火山灰，火山礫，火山岩塊などに分けられる

▶形による分類　火山弾，軽石，スコリアなどに分けられる

3 火山地形

火山の形はマグマの性質や噴火の様式によって決まる。まずは火山の形について整理しておこう(図9-9)。

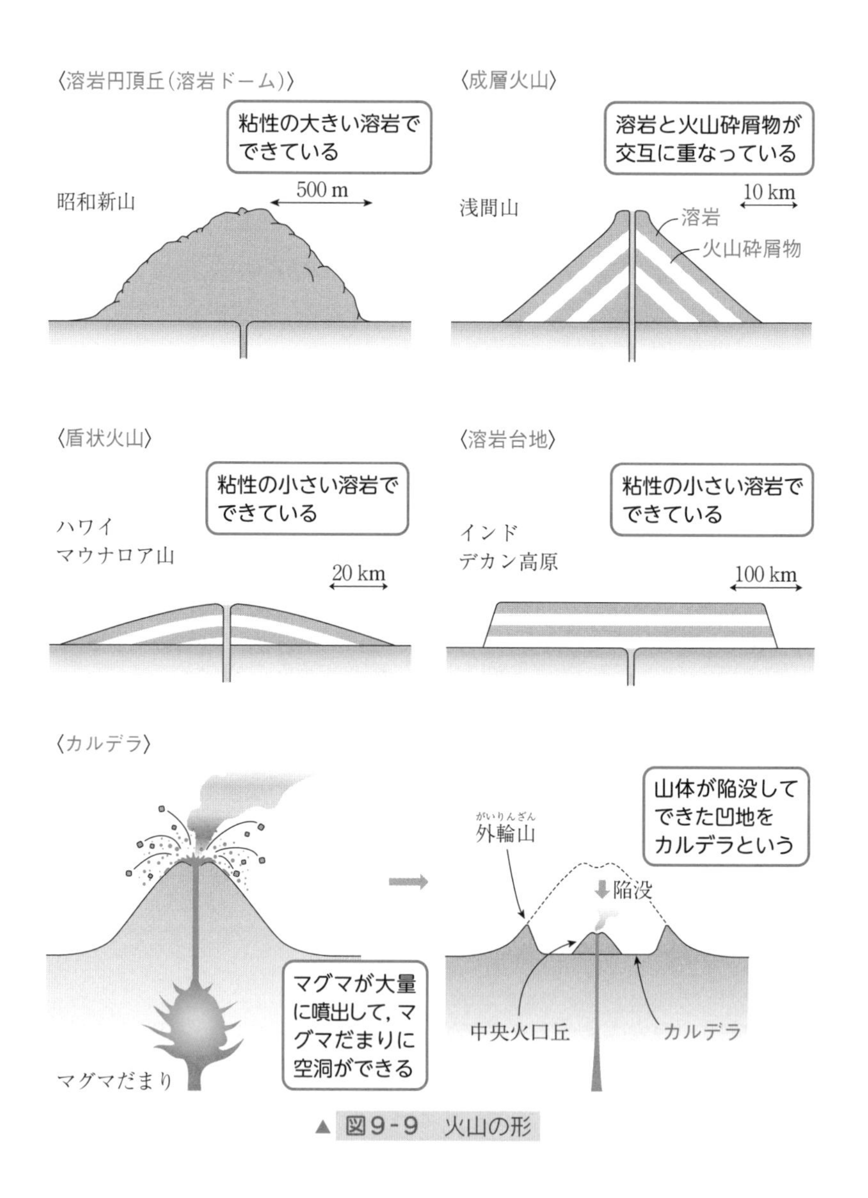

▲ 図9-9　火山の形

火山の形は主にマグマの粘性によって決まるんだ。温度が低く，二酸化ケイ素(SiO_2)が多いほどマグマの粘性は大きくなるんだよ(表9-2)。マグマには，玄武岩質マグマ，安山岩質マグマ，流紋岩質マグマなどがあり，これらのマグマは，温度と SiO_2 の量が異なるので粘性が異なるんだよ。

火山地形		盾状火山	成層火山	溶岩円頂丘
主な岩石		玄武岩	安山岩	流紋岩
溶岩の性質	粘　性	小さい ←→		大きい
	温　度	高　い ←→		低　い
	SiO_2の量	少ない ←→		多　い
噴火の様式		穏やかな噴火 ←→		爆発的な噴火

▲ 表9-2　火山地形と溶岩の性質

玄武岩質マグマは粘性が小さく流れやすいので，傾斜が緩やかな**盾状火山**や**溶岩台地**を形成するけど，**流紋岩質マグマは粘性が大きく流れにくい**ので，ドーム状に盛り上がって**溶岩円頂丘**(**溶岩ドーム**)を形成するんだ。また，中間的な粘性をもつ安山岩質マグマは**成層火山**を形成することが多いんだよ(図9-10)。

▲ 図9-10　成層火山の桜島

逆に，成層火山は安山岩でできているといっていいの？

一般的にはそのようにいえるけど，富士山のように玄武岩でできている成層火山もあるから，少し注意が必要だね。大まかな傾向として覚えておこう。

噴火によって溶岩と火山砕屑物が噴出すると，溶岩と火山砕屑物の重なりができる。成層火山は，このような噴火をくり返してできたため，溶岩と火山砕屑物が交互に重なっているんだよ。盾状火山も噴火をくり返してできた火山だから，大規模な火山となるんだ。

また，噴火によって火山の形が変わることもある。噴火によって大量のマグマが噴出すると，地下のマグマだまりに空洞ができ，その上の山体が陥没することがあるんだ(図9-9)。このようにしてできた凹地を**カルデラ**というんだよ。

短期間の噴火によって噴出した火山砕屑物(スコリアなど)が，火口周辺に円錐状に積もってできた火山地形を**火砕丘**というんだ(図9-11)。阿蘇の米塚(こめづか)や伊豆の大室山(おおむろやま)などは火砕丘なんだよ。火砕丘の大きさは，盾状火山や成層火山と比べると，とても小さいんだ。

▲ 図9-11　火砕丘（阿蘇の米塚）

ポイント 火山地形

盾状火山	粘性の小さい溶岩でできた傾斜の緩やかな火山
成層火山	溶岩と火山砕屑物が交互に積み重なった火山
溶岩円頂丘	粘性の大きい溶岩でできた火山

4 火山災害

火山噴火によって，大きな災害が引き起こされることがある。マグマが地表に噴出した溶岩は，火口から流れ下ることがあるんだ。これを**溶岩流**というんだよ。冷え固まっていない溶岩は，高温だからとても危険だよね。

また，爆発的な噴火によって，高温の火山ガスが火山灰や軽石などの火山砕屑物とともに高速で山腹を流れ下ることがあるんだ。これを**火砕流**というんだよ（図9-12）。

溶岩流の速度は比較的遅いけど，火砕流の速度は時速 100 km 以上となることもあるので，走っても逃げることはできないんだ。そのため，過去に何度も火砕流によって人命が失われているんだよ。

このような火山災害の対策として，被害の範囲を予測して**ハザードマップ**（災害予測図）が作成されているんだ。災害が発生してからでは遅いこともあるので，事前にハザードマップに目を通して，避難の方法などを検討しておくことも重要なんだよ。

▲ 図9-12　火砕流（雲仙普賢岳；島原市提供）

参考　火山泥流

雪や氷河で覆われた火山が噴火すると，雪や氷河が融けて水となり，これが火山灰などと混ざって流れ下ることがあるんだ。これを火山泥流というんだよ。大量の水を含んでいるため，流れ下る速度は速く，時速 100 km を超えることもあるんだ。

5 火山の分布

過去およそ1万年以内に噴火した火山，および現在活発な噴気活動のある火山を**活火山**という。地球には約1500の活火山があり，そのうち日本には111の活火山があるんだよ。火山は帯状に連なって分布していることが多く，火山が分布している地域を**火山帯**というんだ(図9-13)。

▲ 図9-13　世界の火山分布

▲ 図9-14　プレートの分布

海嶺や海溝はプレートの境界でもあるから，火山の分布についてはプレートの分布と合わせて学習することが大切なんだ。図9-13と図9-14を見ると，火山帯の多くは，海嶺や島弧のようなプレートの境界付近に多いことがわかる。特に太平洋を取り巻く地域には火山が多く集まっているんだ。

島弧である日本列島は，火山帯の一部でもある。島弧では，海洋プレートの沈み込みによって，地下の岩石に水が供給されてマグマが発生しているんだ。岩石に水が含まれると，岩石はとけやすくなるんだよ。つまり，**火山は海洋プレートが沈み込んでいる方向に，海溝と平行に分布する**ことになるんだ（図9-15）。

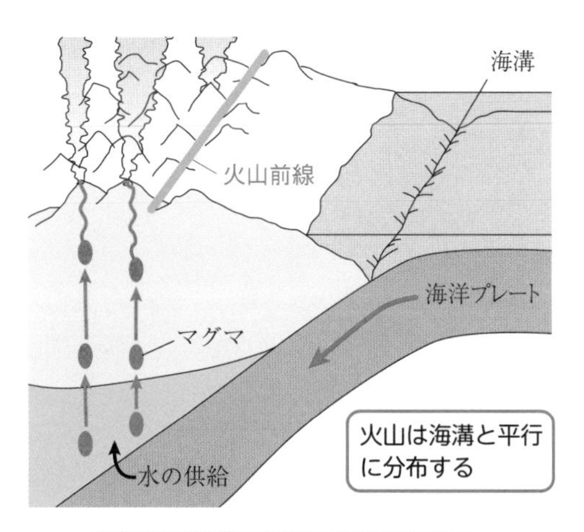

▲ 図9-15　海溝と火山の位置関係

図9-16は日本の火山分布を示したもので，東日本では日本海溝や伊豆－小笠原海溝と平行に火山が分布し，西日本では南海トラフや琉球海溝と平行に火山が分布している。日本列島のような島弧における火山は，海溝よりも大陸側に，海溝と平行に分布しているんだ。そして，このような火山分布の海溝側の境界線を**火山前線**(**火山フロント**)というんだよ。

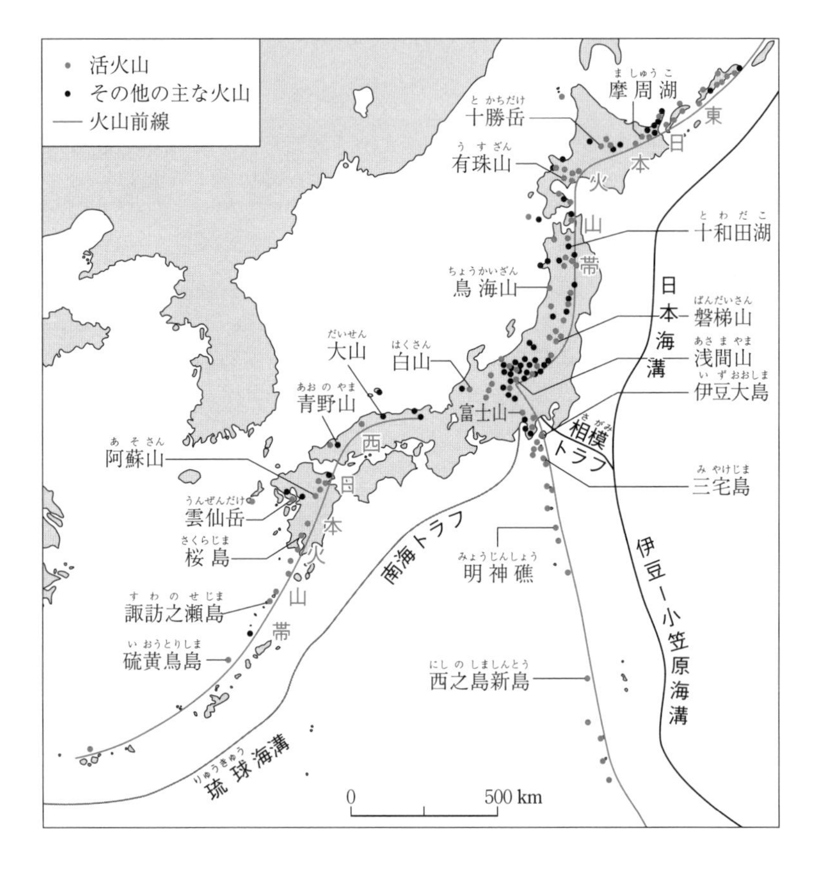

▲ 図9-16　日本の火山分布

海嶺の火山活動についても整理しておこう。

海嶺の地下ではマントル物質が上昇しているんだよね。このマントル物質がとけて玄武岩質マグマとなり，火山活動が起こるんだよ。

海底に噴出した玄武岩質マグマは海水によって急冷されるため，枕を積み重ねたような形の溶岩ができるんだ（図9-17）。これを**枕状溶岩**というんだよ。

▲ 図9-17　枕状溶岩

中央海嶺などの海底の火山地域では，熱水が噴出しているところがあるんだ。これを**熱水噴出孔**というんだよ。海底の岩石の割れ目から海水が地下に入り込むと，高温のマグマによって加熱されて熱水が生じるんだ。

中央海嶺などのプレートの拡大境界は，マントル物質が上昇してくるところだから，火山が分布しているんだね。

プレートの境界以外にもハワイ諸島のように火山が分布する場所がある。ここは**ホットスポット**とよばれ，地下にマグマの供給源があるところなんだ。ハワイ島では玄武岩質マグマが上昇することによって，マウナロア山やキラウエア山などの火山が形成されているんだよ。

ポイント ▶ 火山の分布

- ▶主に海溝沿いの島弧・海嶺・ホットスポットに分布する
- ▶日本列島のような島弧では，火山前線よりも海溝側には火山は存在せず，火山前線よりも大陸側に火山が分布する

チェック問題　易　4分

火山に関する次の問いに答えよ。

問１　次の図は，様々な性質のマグマが噴出して形成された火山ａ～ｃの断面を模式的に示したものである。これらの火山を形成したマグマの性質の組合せとして最も適当なものを，下の①～⑥のうちから１つ選べ。

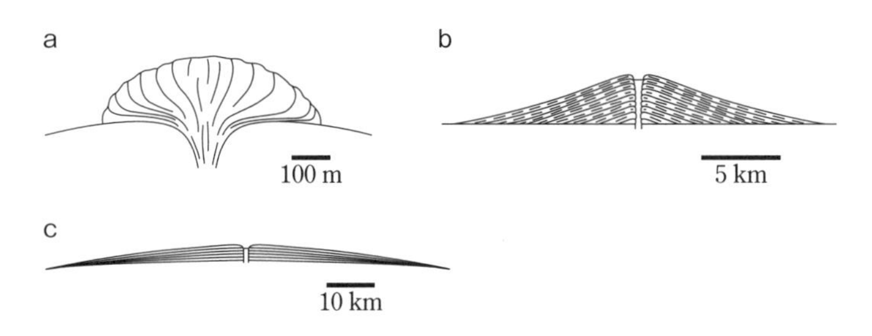

図　火山体の模式的な断面図

	a	b	c
①	流紋岩質	安山岩質	玄武岩質
②	流紋岩質	玄武岩質	安山岩質
③	安山岩質	流紋岩質	玄武岩質
④	安山岩質	玄武岩質	流紋岩質
⑤	玄武岩質	流紋岩質	安山岩質
⑥	玄武岩質	安山岩質	流紋岩質

問２　火山活動について述べた文として最も適当なものを，次の①～④のうちから１つ選べ。

① 火砕流は多くの場合，玄武岩質のマグマが噴火する際に発生する。
② 火山ガスのおもな成分は，水と二酸化ケイ素である。
③ 火山噴火は，おもにマグマ中のガス成分の発泡によって引き起こされる。
④ 噴出時のマグマの温度が高いほど，爆発的な噴火が起こりやすい。

問3　島弧と海溝からなり多くの火山が分布する場所として適当でないものを，次の①～④のうちから1つ選べ。
① マリアナ諸島
② ハワイ諸島
③ フィリピン諸島
④ アリューシャン列島

解答・解説

問1 ①　問2 ③　問3 ②

問1　火山体aは溶岩円頂丘(溶岩ドーム)，火山体bは成層火山，火山体cは盾状火山である。流紋岩質のマグマは，粘性が大きいため，噴出すると溶岩があまり流れず溶岩円頂丘を形成することが多い。また，玄武岩質のマグマは，粘性が小さいため，噴出すると溶岩が流れて盾状火山を形成することが多い。安山岩質のマグマは，流紋岩質と玄武岩質の中間的な粘性のマグマであり，噴出すると成層火山を形成することが多い。

問2　それぞれの選択肢を確認する。
① 火砕流は粘性の大きい流紋岩質や安山岩質のマグマが噴火する際に発生しやすい。
② 火山ガスの大部分は水蒸気であり，二酸化ケイ素ではない。
③ 正しい文である。ガス成分の発泡によってガスの圧力が高くなり，噴火が起こる。
④ 噴出時のマグマの温度が高いほど，マグマの粘性は小さいため，ガス成分がマグマから抜けやすく，爆発的な噴火は起こりにくい。

問3　マリアナ諸島，フィリピン諸島，アリューシャン列島は，海溝と平行に並ぶ島弧であり，多くの火山が分布している。一方，ハワイ諸島は，ホットスポット上で形成された火山島であり，島弧ではなく，近くに海溝もない。

10 時間目 火成岩

1 火成岩の産状

マグマが冷え固まってできた岩石を**火成岩**という。火成岩は地殻を構成する岩石の約65％を占めているんだよ。火成岩は形成される場所によって形や大きさが異なるんだ。まずは火成岩がどのような場所でつくられているのかを整理しておこう。

マグマは地下の岩石の間に入り込んでくることがある。このことを**貫入**（かんにゅう）というんだよ。マグマが，地層を横切るように貫入したものを**岩脈**（がんみゃく），地層と地層の間に挟まれるように貫入したものを**岩床**（がんしょう）というんだ。また，直径が 10 km を超える大規模な貫入岩体は**底盤**（ていばん）（**バソリス**）とよばれているんだよ（図10-1）。

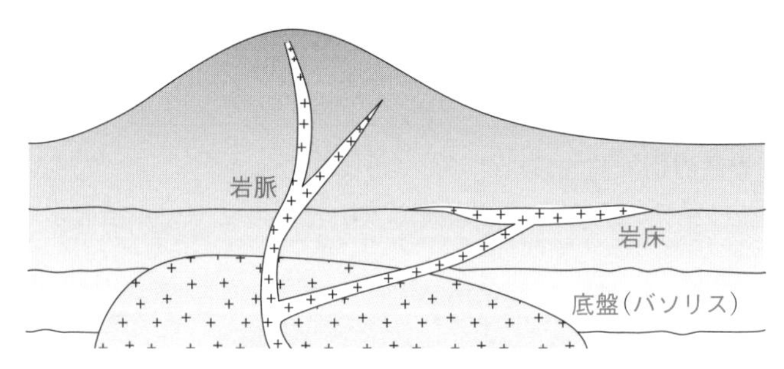

▲ 図10-1　火成岩の産状

多くの火山はマグマが地表に噴出して冷え固まってできたものである。マグマが地表に噴出してできた岩体を**溶岩**というんだ。また，枕状溶岩は海底でマグマが噴出してできたものだったよね。マグマはいろいろな場所で冷え固まって火成岩になるんだよ。

2 岩石と鉱物

ここからは鉱物について少し詳しい話になるよ。

ちょっと待って。岩石と鉱物の違いって何？

簡単にいうと，岩石は鉱物が集まってできているんだ(図10-2)。例えば，花こう岩という岩石は，石英，カリ長石，斜長石，黒雲母などの鉱物が集まってできているんだよ。

さらに，鉱物は原子が結びついてできているんだ。たとえば，石英という鉱物は，ケイ素や酸素などの原子が結びついてできているんだよ。

原子やイオンが規則的な配列をしている固体を**結晶**というんだ。鉱物をつくっている原子やイオンは規則的な配列をしているから，鉱物のことを結晶ということもあるんだよ。

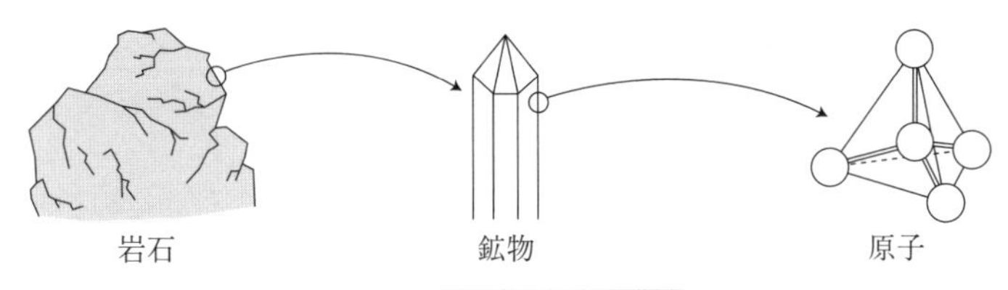

▲ 図10-2　岩石と鉱物

岩石は鉱物が集まってできていることはわかったよね。岩石をつくっている鉱物のことを**造岩鉱物**ということもあるんだ。火成岩の造岩鉱物には，石英，カリ長石，斜長石，黒雲母，角閃石，輝石，かんらん石などがあるんだよ。

3 ケイ酸塩鉱物

鉱物をつくっているケイ素と酸素は，**図10-3**のように結合していることが多いんだ。これを SiO_4 四面体というんだよ。SiO_4 四面体は，正四面体の 4 つの頂点に酸素があり，正四面体の中心にケイ素があるような構造なんだ。

火成岩を構成する鉱物（石英，カリ長石，斜長石，黒雲母，角閃石，輝石，かんらん石）は，SiO_4 四面体が結合して結晶構造（鉱物における原子の配列の構造）をつくっている。このような鉱物を**ケイ酸塩鉱物**というんだ。

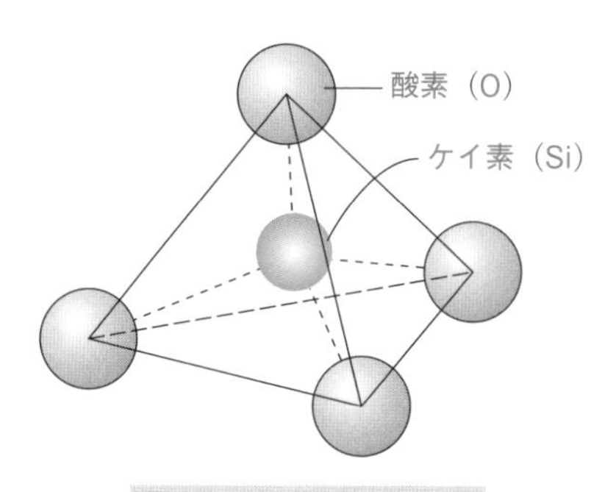

▲ 図10-3　SiO_4 四面体

ここで，それぞれの鉱物の結晶構造を確認してみよう（**図10-4**）。

かんらん石は，SiO_4 四面体が結合せずに独立している。また，SiO_4 四面体のすき間には鉄（Fe^{2+}）やマグネシウム（Mg^{2+}）が入り込んでいるんだ。

輝石は，それぞれの SiO_4 四面体がとなりの SiO_4 四面体と酸素を共有して，単鎖状（単一の鎖状）に結合している。1 つの SiO_4 四面体に着目すると，4 個の酸素のうち 2 個の酸素を，となりの SiO_4 四面体と共有しているんだよ。

角閃石は，それぞれの SiO_4 四面体がとなりの SiO_4 四面体と酸素を共有して，複鎖状（2 重の鎖状）に結合している。1 つの SiO_4 四面体に着目すると，4 個の酸素のうち 2 個または 3 個の酸素を，となりの SiO_4 四面体と共有しているんだよ。

黒雲母は，それぞれの SiO_4 四面体がとなりの SiO_4 四面体と酸素を共有して，網状（シート状）に結合している。1 つの SiO_4 四面体に着目すると，4 個の酸素のうち 3 個の酸素を，となりの SiO_4 四面体と共有しているんだよ。

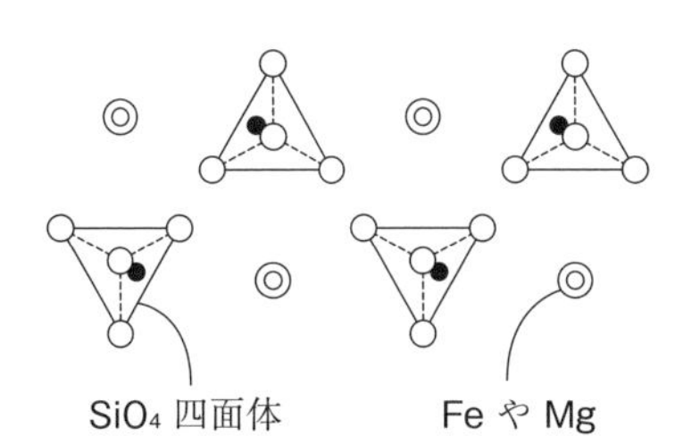

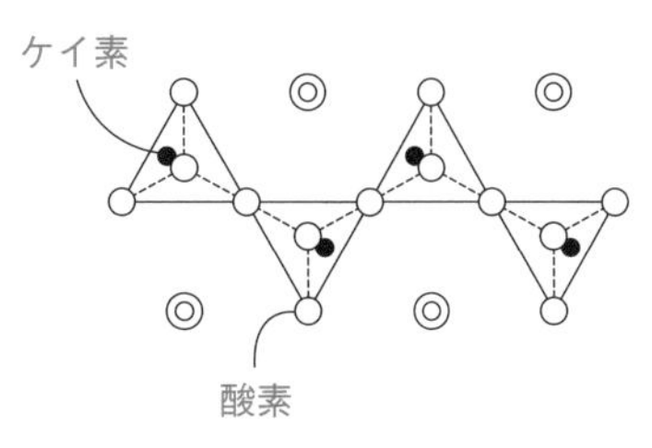

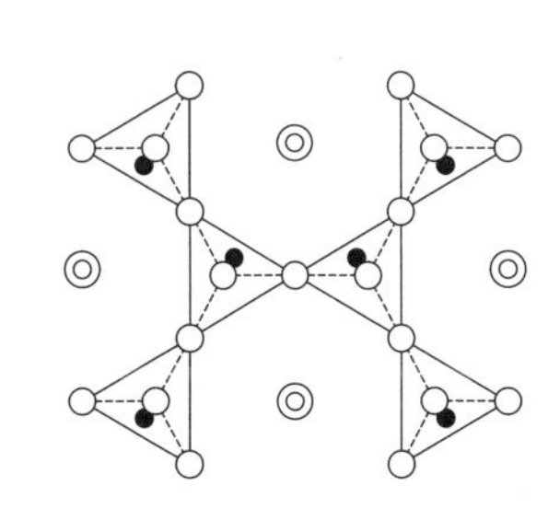

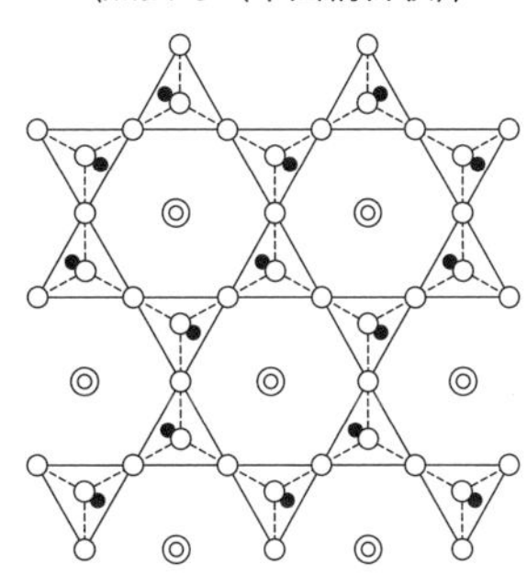

▲ 図10-4　ケイ酸塩鉱物(かんらん石，輝石，角閃石，黒雲母)の結晶構造

石英，カリ長石，斜長石は，すべての SiO_4 四面体がとなりの SiO_4 四面体と酸素を共有して，立体網状に結合しているんだ(**図10-5**)。ケイ酸塩鉱物は SiO_4 四面体だけでできているのではなく，そのすき間にはさまざまな陽イオンが含まれていることも覚えておこう。

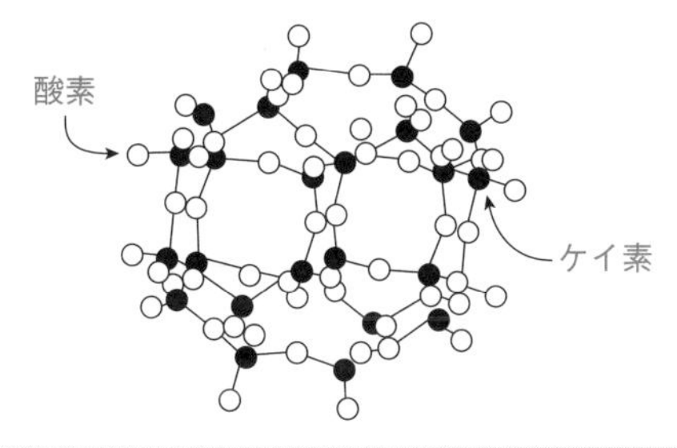

▲ 図10-5　ケイ酸塩鉱物(石英，カリ長石，斜長石)の結晶構造

4 火成岩の組織

火成岩を構成する鉱物は，様々な大きさのものがある。これは，マグマの冷え方の違いによるものなんだ。

マグマが地表付近で急に冷え固まると，鉱物は大きく成長することができない。このようにしてできた岩石を**火山岩**というんだ。火山岩を厚さ0.03 mmの薄片(はくへん)にして，偏光顕微鏡で観察すると，細かい結晶やガラスの部分からなる**石基**と大粒の結晶である**斑晶**が見られる(図10-6)。このような火山岩の組織を**斑状組織**というんだ。

また，**マグマが地下深くでゆっくり冷え固まる**と，鉱物は大きく成長することができる。このようにしてできた岩石を**深成岩**というんだ。深成岩の薄片を偏光顕微鏡で観察すると，**粒の大きい結晶のみが観察される**(図10-7)。このような深成岩の組織を**等粒状組織**というんだ。

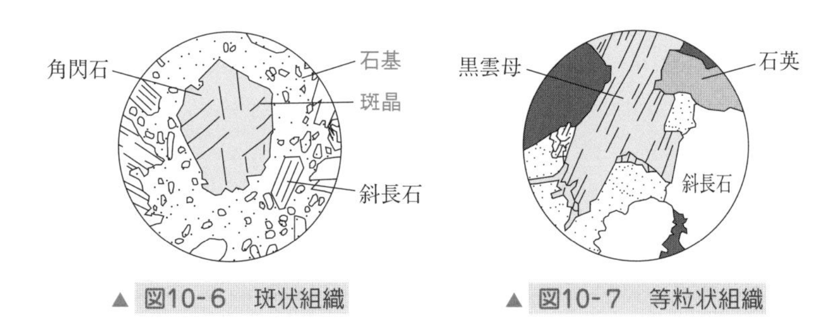

▲ 図10-6　斑状組織　　▲ 図10-7　等粒状組織

地表に噴出した溶岩や海底に噴出した枕状溶岩は，急に冷やされるので火山岩になる。また，岩脈や岩床も小規模であるため，急冷されて火山岩になることが多いんだ。一方，底盤(バソリス)は大規模であるため，ゆっくり冷え固まって深成岩になるんだよ。

ポイント ▶ 火成岩の組織

火山岩 ▶ **石基**と**斑晶**からなる**斑状組織**をもつ岩石
　　　 ▶ マグマが地表付近で急に冷え固まってできる

深成岩 ▶ **粒の大きい結晶のみ**からなる**等粒状組織**をもつ岩石
　　　 ▶ マグマが地下深くでゆっくり冷え固まってできる

5 鉱物の性質

顕微鏡で鉱物を観察すると，マグマから鉱物が冷え固まる(結晶化する)順序を知ることができるよ。**図10-8**を見てみよう。はじめに晶出した鉱物は，他の鉱物にじゃまされることなく自由に成長できるため，**自形**とよばれる鉱物本来の形に成長することができるんだ。

だけど，あとから晶出した鉱物は，他の鉱物のすき間を埋めるようにしか成長できないため，**他形**とよばれる不規則な形になるんだよ。

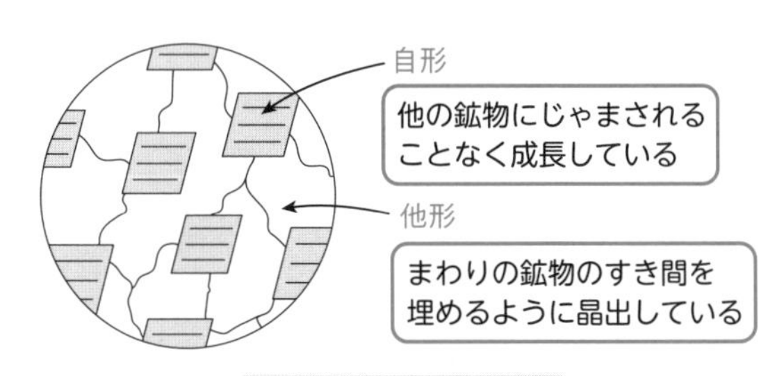

▲ 図10-8　自形と他形

鉱物には，不規則に割れるものもあれば，ある特定の方向に割れるものもあるんだ。たとえば，黒雲母は**図10-9**のように薄くはがれるような割れ方をするんだよ。鉱物が特定の方向に割れる性質を**へき開**(かい)というんだ。火成岩の主要造岩鉱物について，へき開の有無を下の**表10-1**にまとめておこう。

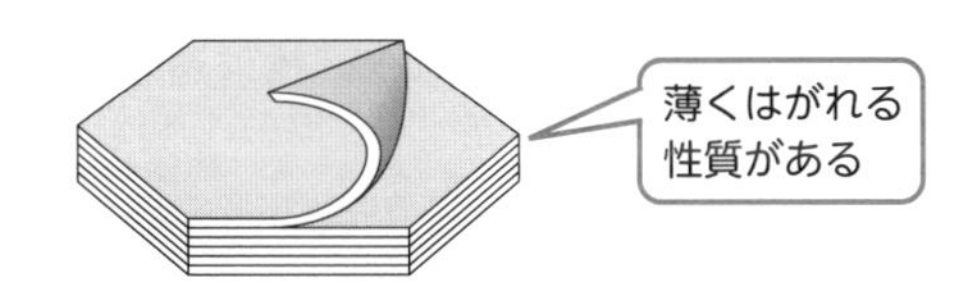

▲ 図10-9　黒雲母のへき開

有色鉱物	へき開	無色鉱物	へき開
かんらん石	な　し	斜長石・カリ長石	1方向または2方向
輝　石	2方向(約90°に交わる)	石　英	な　し
角閃石	2方向(約120°に交わる)		
黒雲母	1方向(薄くはがれる)		

▲ 表10-1　主要造岩鉱物のへき開

6 火成岩の分類

火成岩は，岩石の組織によって，火山岩と深成岩に分けられているけど，化学組成によって分類されることもあるんだ。火成岩に含まれる SiO_2 の量の多いものから順に，**ケイ長質岩**，**中間質岩**，**苦鉄質岩**，**超苦鉄質岩**に分けられるんだよ。

これによって，火山岩は SiO_2 の多いものから，**流紋岩**，**デイサイト**，**安山岩**，**玄武岩**に分けられ，深成岩は**花こう岩**，**閃緑岩**（せんりょく），**斑れい岩**（はん），**かんらん岩**に分類されるんだよ(図10-10・図10-11)。

▲ 図10-10　流紋岩

▲ 図10-11　花こう岩

また，火成岩は，鉱物組成によっても分類されているんだよ。たとえば，花こう岩には，石英，カリ長石，斜長石，黒雲母などの鉱物が含まれているけど，斑れい岩には斜長石，輝石，かんらん石などが含まれているんだ。

花こう岩と斑れい岩はマグマが冷え固まってできたという点は同じだけど，含まれる鉱物は違うんだね。

そこで，化学組成や鉱物組成による火成岩の分類をまとめたものが，**図10-12**だよ。この図はとても大切なものだから，しっかり覚えておこう。この図を見れば，どの岩石にどのような鉱物が含まれているか，すぐにわかるよね。

ポイント ▶ 火成岩の分類

火山岩 ▶ 流紋岩・デイサイト・安山岩・玄武岩
深成岩 ▶ 花こう岩・閃緑岩・斑れい岩・かんらん岩

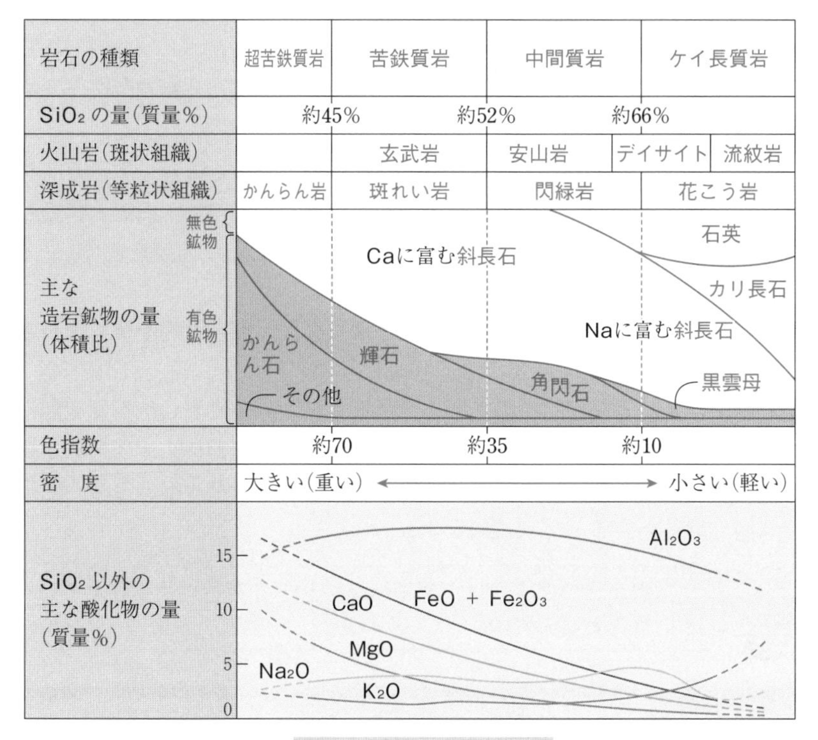

▲ 図10-12 火成岩の分類

岩石の名前を覚えるのはたいへんだなぁ……。

では，有名な覚え方を1つ紹介しよう。

『**しんかんせんは，かりあげ**』

これは岩石名の頭文字をとって，

『しん(深成岩) かん(花こう岩) せん(閃緑岩) は(斑れい岩)，
か(火山岩) り(流紋岩) あ(安山岩) げ(玄武岩)』となっているんだよ。

これだと，火山岩と深成岩を SiO_2 の多いほうから順に覚えられるんだね。

ぜひ，覚えておこう。

7 火成岩の鉱物組成

岩石には黒っぽいものもあれば白っぽいものもあるよね。岩石の色は，その岩石に含まれる鉱物の色によって決まるんだよ。

かんらん石・輝石・角閃石・黒雲母は**Fe や Mg を多く含み**，黒っぽいものが多いから**有色鉱物**（**苦鉄質鉱物**）とよばれているんだ。また，**石英・斜長石・カリ長石**は**Fe や Mg を含まず**，無色または白色であるから**無色鉱物**（**ケイ長質鉱物**）とよばれているんだよ。

つまり，**有色鉱物を多く含む岩石は黒っぽく見え，無色鉱物を多く含む岩石は白っぽく見える**んだ。

岩石中に含まれる有色鉱物の占める割合を体積百分率で表した数値を**色指数**というんだ。苦鉄質岩や超苦鉄質岩は有色鉱物を多く含むため，色指数が高く黒っぽく見えるけど，ケイ長質岩は有色鉱物をほとんど含まないため，色指数が低く白っぽく見えるんだよ（図10-12）。

色指数が10のときには，岩石全体の10％を有色鉱物が占めるということなんだね。

ポイント ▶ 鉱　　物

有色鉱物（**苦鉄質鉱物**）▶かんらん石・輝石・角閃石・黒雲母
▶ Fe や Mg を含む

無色鉱物（**ケイ長質鉱物**）▶石英・斜長石・カリ長石
▶ Fe や Mg を含まない

色指数　火成岩に含まれる有色鉱物の占める割合（体積％）
▶色指数はケイ長質岩では小さく，苦鉄質岩では大きくなる

8 火成岩の化学組成

図10-12には，火成岩に含まれる SiO_2 以外の酸化物（Al_2O_3，FeO，Fe_2O_3，CaO，MgO，Na_2O，K_2O）の量が示されている。これらの酸化物の量は，火成岩の種類によって大きく異なっている。

たしか鉱物は原子でできているんだったよね。化学組成は鉱物組成と対応しているんじゃないかな。

そのとおりだよ。図10-12を見てみると，ケイ長質岩には Na に富む斜長石が含まれているけど，苦鉄質岩には Ca に富む斜長石が含まれているよね。ここで，Na_2O と CaO の量を表したグラフを見てみよう。

Na_2O のグラフはケイ長質岩や中間質岩で多く，CaO のグラフは苦鉄質岩や超苦鉄質岩で多くなっているよね。Na や Ca は斜長石に多く含まれている元素だから，Na_2O や CaO の量は斜長石の量と対応しているんだ。

Na に富む斜長石はケイ長質岩や中間質岩に多く含まれ，Ca に富む斜長石は苦鉄質岩や超苦鉄質岩に多く含まれているから，Na_2O はケイ長質岩や中間質岩に多く，CaO は苦鉄質岩や超苦鉄質岩に多いんだね。

ほかの酸化物についても見てみよう。苦鉄質岩はケイ長質岩より MgO や FeO + Fe_2O_3 を多く含んでいるよね。Mg や Fe は有色鉱物（苦鉄質鉱物）に含まれていることを学んだけど，図10-12を見てみると，確かに有色鉱物はケイ長質岩より苦鉄質岩に多く含まれているよね。

また，K はカリ長石に多く含まれているから，K_2O はカリ長石を含んでいるケイ長質岩に多いんだよ。

このように，火成岩の化学組成は鉱物組成と対応しているんだ。図10-12を全部覚えるのはたいへんかもしれないけど，1つずつ覚えるのではなく，鉱物と対応させながら覚えていこう。

ポイント ▶ 火成岩の化学組成

ケイ長質岩 ▶ SiO_2・Na_2O・K_2O に富む
苦鉄質岩 ▶ CaO・FeO・Fe_2O_3・MgO に富む

チェック問題　標準　4分

火成岩に関する次の問いに答えよ。

問1　次の図は，輝石，斜長石，角閃石から構成される，ある深成岩の組織の観察例である。直線と黒丸は，1 mm 間隔の格子線とそれらの交点を表す。図中の各鉱物内に含まれる黒丸の数(計25個)の比が，岩石の各鉱物の体積比を表すとするとき，この岩石の色指数として最も適当なものを，下の①～⑥のうちから1つ選べ。

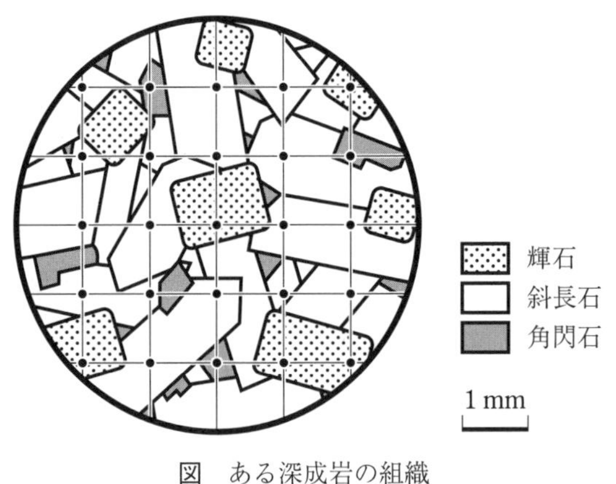

図　ある深成岩の組織

①　12　　②　20　　③　32　　④　68　　⑤　80　　⑥　88

問2　火成岩またはその構成鉱物について述べた文として最も適当なものを，次の①～④のうちから1つ選べ。

①　玄武岩には，FeO が SiO_2より多く含まれる。

②　斜長石は，Ca や Na を含む鉱物である。

③　花こう岩には，有色鉱物が無色鉱物より多く含まれる。

④　斑れい岩の密度は，花こう岩の密度より小さい。

解答・解説

問1　③　　問2　②

問1　色指数は，火成岩に含まれる有色鉱物の占める割合(体積%)である。この問題では，図中の黒丸の数の比が各鉱物の体積比を表すので，黒丸の部分にある有色鉱物の数を数えればよい。図中の黒丸25個のうち，黒丸の部分にある有色鉱物の数は8個(下図の赤丸)であるから，この岩石の色指数は，

$$\frac{8}{25} \times 100 = 32$$

である。

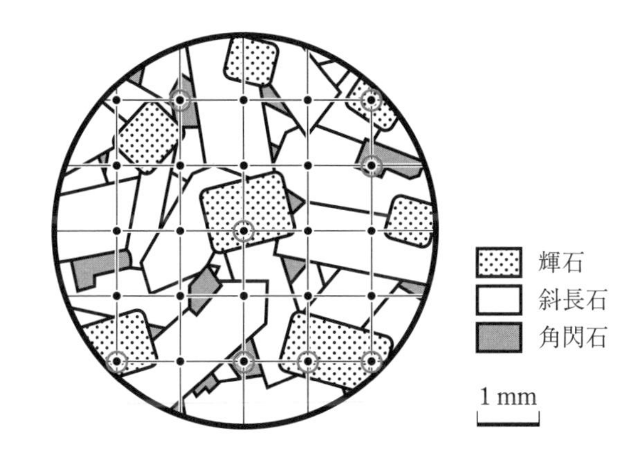

問2　それぞれの選択肢を確認する。

① 玄武岩には SiO_2 が45～52%含まれている。玄武岩に含まれる SiO_2 は FeO よりも多い。

② 正しい文である。

③ 花こう岩には，無色鉱物が有色鉱物よりも多く含まれているため，花こう岩は色指数が小さい(白っぽい)岩石である。

④ 斑れい岩は Mg や Fe を多く含む苦鉄質岩であるため，斑れい岩の密度は花こう岩の密度よりも大きい。

第２章　大気と海洋

大気圏の構造

1 大気の組成

地球は大気に包まれ，私たちはその中で生活している。地球を取り巻く大気の層を**大気圏**というんだ。上空にいくほど大気は薄くなるから，大気圏の上端ははっきりとは決められてはいないんだよ。

図11-1は，地表付近の大気の組成を示したものである。**地表付近の大気は，主に窒素(N_2)と酸素(O_2)で構成されている**んだよ。大気には水蒸気も含まれているけど，水蒸気の量は時間や場所によって変化するから，図11-1では水蒸気を除いて示しているんだ。大気中の水蒸気は，体積比で約１～３％と少ないけど，地表付近の環境に大きな影響を与えているんだよ。

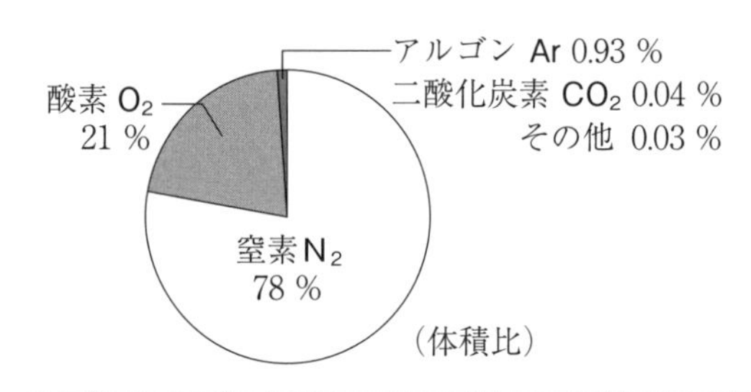

▲ 図11-1　水蒸気を除いた地表付近の大気の組成

水蒸気を除いた大気の組成は，地表から高度約 80 km まではほとんど変化しないんだ。これは，大気がよく混合されているからなんだよ。

ポイント　地表付近の大気の組成

主成分▶窒素 78 %，酸素 21 %（体積比）
地表から高度約 80 km まではほぼ一定

2 気　圧

地球の大気は，重力によって地表に引きつけられているから，**図11-2**のように，地表は大気の重さによる圧力を受けているんだ。圧力とは，ある面を垂直に押す力のことだよ。特に，単位面積（1 m^2）あたりの大気の重さによる圧力を**気圧**というんだ。

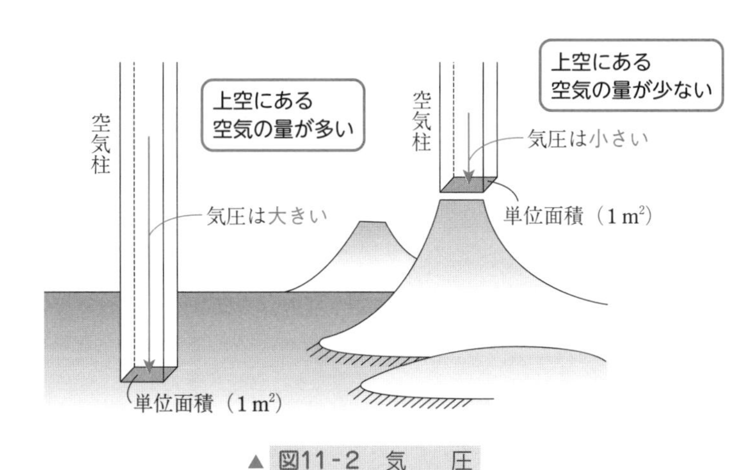

▲ 図11-2　気　圧

山の高いところでは，上にある空気の量が少ないから，気圧は低くなるんだよね。

上にある空気の量が少ないということは，空気の重さも小さくなるからね。つまり，**高度が高いほど気圧は低くなる**んだ（表11-1）。

高　度〔km〕	気　圧〔hPa〕
20	55
15	121
10	265
5	540
0	1013

▲ 表11-1　高度と気圧

気圧の大きさは，1643 年にイタリアの**トリチェリ**が実験で示したんだ。ガラス管を水銀で満たして，**図11-3**のように水銀の入った容器にガラス管を立てると，水銀が約 76 cm の高さで静止するんだよ。これは，大気の重さによる圧力(気圧)が，水銀柱 76 cm の重さによる圧力と等しいからなんだ。

水銀柱 76 cm の重さによる圧力と等しい気圧を **1 気圧**というんだよ。気圧は高さによって変化するけど，海面上での平均的な気圧が 1 気圧なんだ。

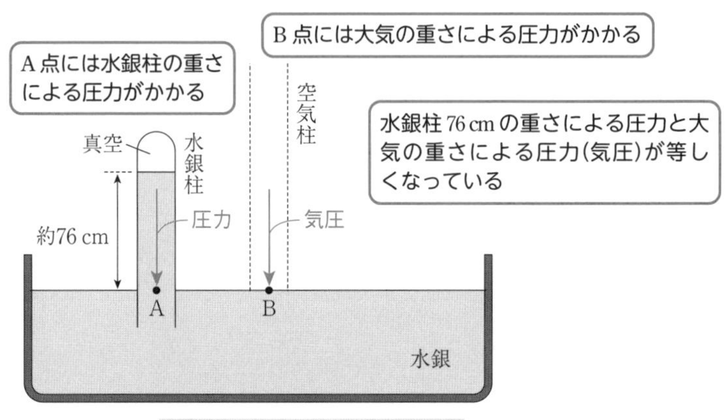

▲ 図11-3　トリチェリの実験

天気予報では，気圧の単位にヘクトパスカル(hPa)を使っているけど，気圧とヘクトパスカルって違うの？

ヘクトパスカル(hPa)も気圧の単位だけど，この単位で表すと，**1 気圧は約 1013 hPa になる**んだよ。

ポイント ▶ 気　圧

気圧 ▶ 大気の重さによる圧力
　上空にいくほど低くなる

海面上での平均気圧 ▶
1 気圧 = 1013 hPa = 水銀柱 76 cm の重さによる圧力

3 大気の層構造

図11-4は，大気圏の平均的な気温の変化を示したものだよ。気温は，高度とともに上昇するところもあれば，低下するところもあるんだよ。大気圏はこのような気温の変化をもとにして，下から順に，対流圏，成層圏，中間圏，熱圏の 4 つの層に区分されているんだ。

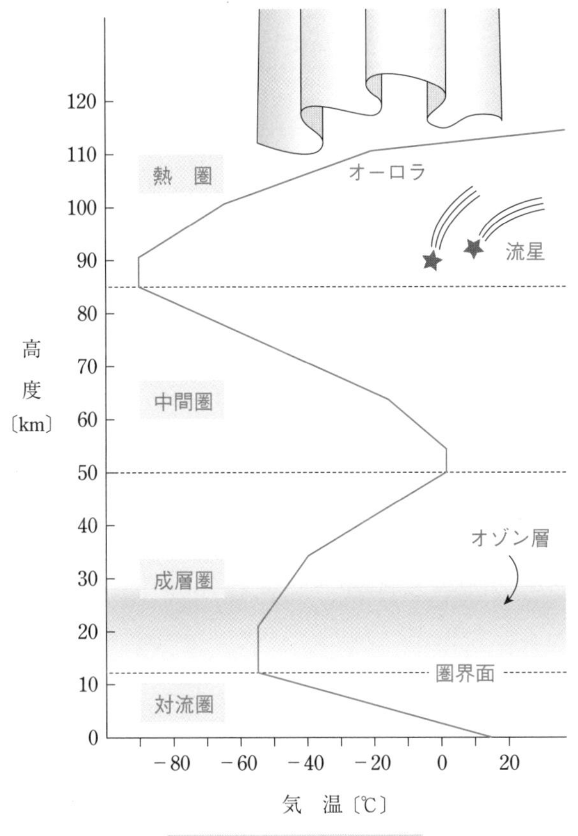

▲ 図11-4　大気の層構造

❶ 対 流 圏

地表から高度約 11 km までの大気圏を**対流圏**というんだ。対流圏では，平均すると **100 m 上昇するごとに気温が約 0.65 ℃低下する**んだよ。気温が高度とともに低下する割合は**気温減率**というんだ。また，大気中の水蒸気のほとんどは対流圏に存在するので，対流圏では雲ができたり雨が降ったりするような気象現象が起こるんだよ。

❷ 成 層 圏

高度約 11 km から約 50 km までの大気圏を**成層圏**というんだ。成層圏では，**高度とともに気温が上昇する**んだよ。また，対流圏と成層圏の境界は，**圏界面**（**対流圏界面**）とよばれているんだ。圏界面の高さは，低緯度では約 17 km，高緯度では約 9 km であり，場所によって異なるんだよ。

圏界面は，つねに高度11 km というわけではないんだね。

成層圏には，高度約 15 km ～ 30 km にかけて，オゾン（O_3）を多く含む**オゾン層**がある（図11-4）。成層圏の気温が高度とともに上昇するのは，**オゾンが太陽からの紫外線を吸収して，大気を暖めている**からなんだ。

ここで，オゾンが生成されるメカニズムを確認しよう。

大気中の酸素分子（O_2）が太陽からの紫外線を吸収すると，2 つの酸素原子（O）に分解するんだ。

$$O_2 + 紫外線 \longrightarrow O + O$$

このようにして生じた酸素原子（O）は別の酸素分子（O_2）と結合するんだよ。こうしてオゾン（O_3）が生成されるんだ。

$$O + O_2 \longrightarrow O_3$$

太陽からの紫外線は大気圏の上から入ってくるため，まず大気上層のオゾンによって吸収される。すると，下層にいくほど，紫外線は弱まっていくよね。つまり，オゾン層よりも高いところのほうが紫外線が強いため，オゾンが少なくても大気を加熱する効果が大きいんだ。そのため，成層圏の気温は，下部よりも上部のほうが高くなるんだよ。

❸ 中 間 圏

高度約 50 km から約 85 km までの大気圏を**中間圏**というんだ。中間圏では，**高度とともに気温が低下する**んだよ。

地表から高度約 80 km までは，大気の組成がほとんど変化しなかったよね。

つまり，地表から中間圏までは，大気の組成がほぼ一定なんだ。

④ 熱　圏

高度約 85 km から約 500 km までの大気圏を**熱圏**というんだ。熱圏では，**高度とともに気温が上昇**し，高度 200 km 以上では気温が 500 ℃を超えているんだよ。熱圏の気温が高いのは，酸素分子(O_2)や窒素分子(N_2)が，太陽からの紫外線や X 線を吸収して，大気を暖めているからなんだ。また，酸素分子(O_2)が紫外線を吸収して酸素原子(O)に分解されるため，**熱圏の大気の主成分は酸素原子**となっているんだよ。

高緯度の熱圏では，大気の発光現象である**オーロラ**(極光)が発生することがある。太陽から放出される電荷を帯びた粒子(荷電粒子)によって引き起こされるんだよ。太陽からの荷電粒子が地球に到達すると，地球の磁場の影響で，太陽と反対側(地球の夜側)の宇宙空間に溜まっていくんだ。ここから荷電粒子が高緯度の大気圏に高速で流れ込むと，大気中の酸素や窒素に衝突して発光させるんだよ。

また，熱圏の下部から中間圏の上部にかけて**流星**が発生することがある。流星は宇宙空間から大気圏に突入した微粒子(塵)が発光する現象なんだよ。

ポイント ▶ 大気の層構造

対流圏　地表から高度約 11 km までの大気
- ▶高度とともに気温が低下する
- ▶平均の**気温減率**は 100 m につき約 0.65 ℃

成層圏　高度約 11 km から約 50 km までの大気
- ▶高度とともに気温が上昇する
- ▶高度約 15 km 〜約 30 km にかけて**オゾン層**がある

中間圏　高度約 50 km から約 85 km までの大気
- ▶高度とともに気温が低下する

熱　圏　高度約 85 km から約 500 km までの大気
- ▶高度とともに気温が上昇する
- ▶高緯度では**オーロラ**(極光)が発生することがある
- ▶熱圏から中間圏にかけて**流星**が発生することがある

チェック問題

易 

大気の構造に関する次の文章を読み，下の問いに答えよ。

山に登ると，高くなるにつれて気温が徐々に低くなることをよく体験する。しかし，気温は高度とともにどこまでも低くなっているわけではない。上空の気温は季節や場所によって変わるが，平均的には下の図のような複雑な鉛直分布になっている。大気圏は気温の鉛直分布の特徴に基づいて区分され，名称が与えられている。しかし気圧は，気温と違って高度とともに単調に低くなっている。観測の結果，高度が16 km増すごとに気圧は約10分の1になることが知られている。

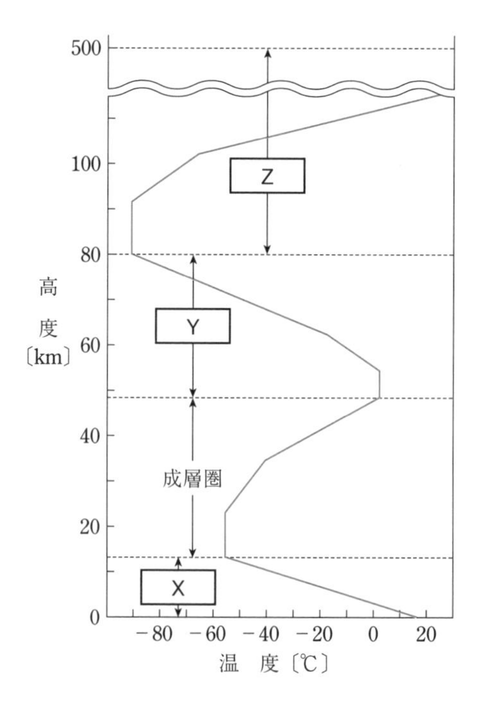

問1 文章中の下線部に関連して，図中の空欄 X ～ Z に入れる語の組合せとして最も適当なものを，次の①～⑥のうちから1つ選べ。

	X	Y	Z
①	熱　圏	対流圏	中間圏
②	対流圏	中間圏	熱　圏
③	中間圏	対流圏	熱　圏
④	熱　圏	中間圏	対流圏
⑤	対流圏	熱　圏	中間圏
⑥	中間圏	熱　圏	対流圏

問２　大気の鉛直構造に関する文として最も適当なものを，次の①～④のうちから１つ選べ。

①　対流圏では，高度 1 km あたり約 0.65 ℃の割合で気温が低くなる。

②　成層圏の上部の気温は，成層圏の下部の気温よりも高い。

③　圏界面の高さは緯度によって異なり，極域のほうが赤道域よりも高い。

④　気圧は温度によって変わるので，気温が極小となる圏界面付近には気圧の極小がある。

解答・解説

問１　②　　問２　②

問１　大気圏は，気温の変化に基づいて，下層から対流圏，成層圏，中間圏，熱圏に区分されている。対流圏と中間圏では高度とともに気温が低下し，成層圏と熱圏では高度とともに気温が上昇する。

問２　それぞれの選択肢を確認する。

①　対流圏では，高度 100 m あたり約 0.65 ℃の割合で気温が低くなる。

②　正しい文である。成層圏では高度とともに気温が上昇する。

③　圏界面(対流圏と成層圏の境界)の高さは，低緯度(赤道域)では約 17 km，高緯度(極域)では約 9 km である。

④　気圧は，大気の重さによる圧力であるから，高度とともに低下する。

第2章　大気と海洋

12時間目　水蒸気と雲

1 水の分布と循環

地球表層には約14億 km^3 の水が存在する。図12-1は，地球表層における水の分布と循環を示したものだよ。**地球表層の水の約97.4％は海洋に存在**し，約2.0％が氷河，約0.6％が地下水として存在するんだ。大気，河川，湖沼などに存在する水は0.1％もないんだよ。

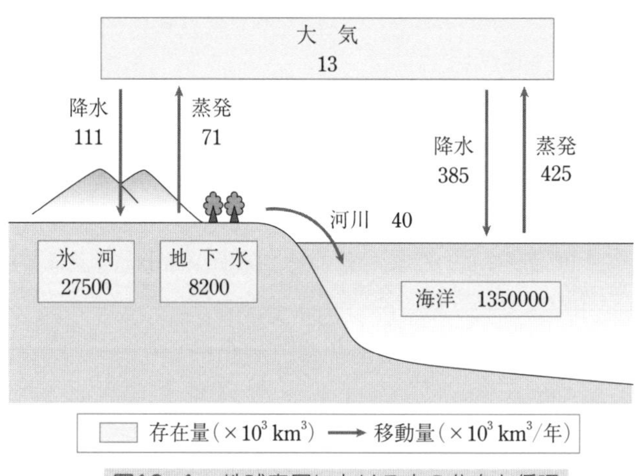

▲ 図12-1　地球表層における水の分布と循環

地球表層の水は，蒸発や降水などによって循環している。図12-1を見ると，海洋では降水量よりも蒸発量のほうが多くなっているよね。蒸発や降水だけを考えると，海水はだんだん少なくなってしまうけど，海洋には河川から流入する水もあるから，海水が少なくなるようなことは起こっていないんだ。海洋に存在する水の量が一定であるときには，海洋から出ていく水の量(425)と海洋に入ってくる水の量(385＋40＝425)は等しくなるんだよ。

ポイント　地球表層の水の分布

▶海水(約97.4％)，氷河(約2.0％)，地下水(約0.6％)など

2 水の状態変化

地球表層の水は，気体(水蒸気)，液体(水)，固体(氷)と状態を変えながら循環している。たとえば，水を加熱すると蒸発して水蒸気になるよね。このように，**水は周囲から熱を吸収して水蒸気になる**んだよ。そして，この熱を**蒸発熱**というんだ。

逆に，水蒸気が凝結して水になるときも熱が関わっている。**水蒸気は周囲に熱を放出して水になる**んだよ。そして，この熱を**凝結熱**というんだ。蒸発熱や凝結熱のように，水の状態変化にともなって吸収または放出される熱を**潜熱**というんだ。

地表の水が熱を吸収してできた水蒸気は熱を蓄えているから，水蒸気が風によって運ばれると，熱も運ばれることになる。そして，水蒸気が凝結すると，運んできた熱を大気へ放出するから，水が蒸発したところから水蒸気が凝結したところへ，水蒸気は熱を運んだことになるんだよ(図12-2)。

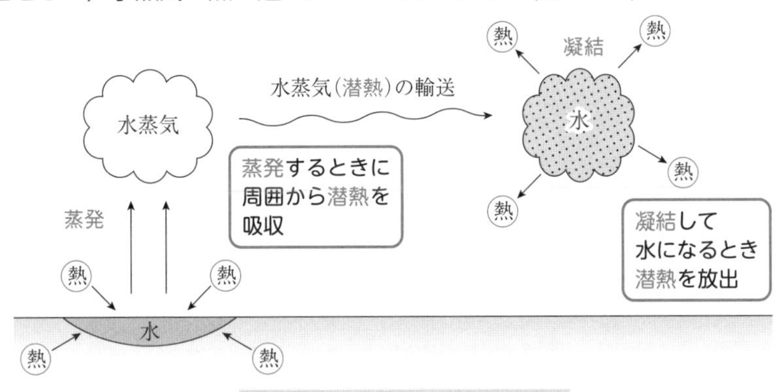

▲ 図12-2　水蒸気と潜熱の輸送

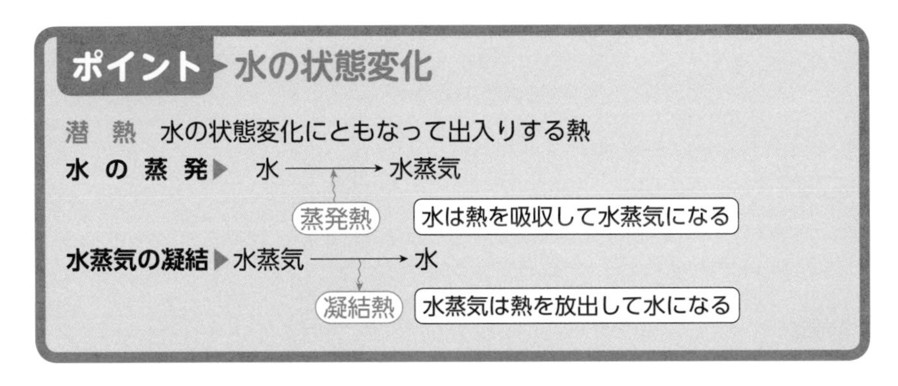

3 大気中の水蒸気

空気中には水蒸気が含まれているけど，含むことのできる水蒸気の量には限度がある。1 m^3 の空気中に含むことのできる最大の水蒸気量を**飽和水蒸気量**というんだ。**飽和水蒸気量は，気温が高いほど大きくなる**んだよ(図12-3)。

空気中の水蒸気量は，水蒸気圧(水蒸気の圧力)で表すこともあるんだ。空気中の水蒸気量が増えれば水蒸気圧も大きくなるからね。水蒸気が飽和しているときの水蒸気の圧力は**飽和水蒸気圧**というんだ。水蒸気圧は hPa の単位で表すんだよ。

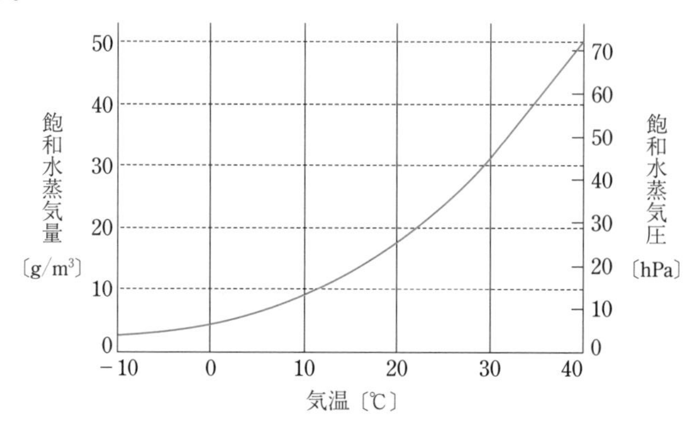

▲ 図12-3　気温と飽和水蒸気量の関係

飽和水蒸気量に対して，実際に含まれている水蒸気量の割合を**相対湿度**(**湿度**)というんだ。相対湿度は，次の式で求められる。

$$相対湿度〔\%〕= \frac{空気の水蒸気量}{飽和水蒸気量} \times 100 = \frac{空気の水蒸気圧}{飽和水蒸気圧} \times 100$$

図12-4のように，気温 30 ℃で，1 m^3あたり 17.3 g の水蒸気を含んでいる空気を考えてみよう。気温 30 ℃では，1 m^3 あたり最大で 30.4 g の水蒸気を含むことができるので，この空気の相対湿度は，

$$\frac{17.3}{30.4} \times 100 \fallingdotseq 57〔\%〕$$

となるんだよ。

相対湿度の単位を％にするため，100 を掛けるんだね。

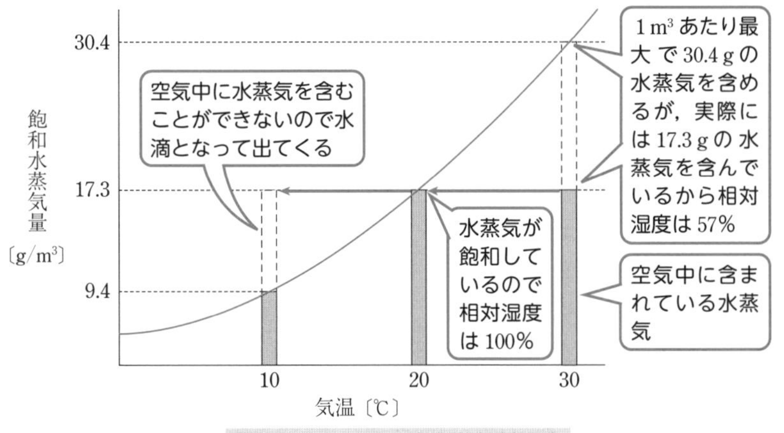

▲ 図12-4　気温の変化と相対湿度

次に，この空気の温度が下がっていくときのことを考えてみよう。気温が 20 ℃まで下がると，飽和水蒸気量と実際に含まれている水蒸気量が等しくなるので，相対湿度は 100 %になるよね。

さらに，気温が下がっていくと，空気中の水蒸気量が飽和水蒸気量よりも大きくなり，空気中に水蒸気を含むことができなくなってしまうので，水蒸気は凝結して水滴となって空気中から出てくるんだよ。このように，気温が下がっていくとき，水滴ができ始める（水蒸気が凝結し始める）温度を**露点**（**露点温度**）というんだ。

ここで考えている空気は，気温が 20 ℃よりも下がると水滴ができるから，露点は 20 ℃になるんだね。

また，気温が 10 ℃まで下がると，このときの飽和水蒸気量は 9.4 g/m³ であるから，1 m³ あたり，

$$17.3 - 9.4 = 7.9 \text{〔g〕}$$

の水蒸気が凝結して，水滴となって出てくるんだよ。

ポイント　大気中の水蒸気

$$\text{相対湿度〔\%〕} = \frac{\text{空気の水蒸気量}}{\text{飽和水蒸気量}} \times 100 = \frac{\text{空気の水蒸気圧}}{\text{飽和水蒸気圧}} \times 100$$

4 断熱変化

空気塊(くうきかい)が山の斜面にぶつかって上昇していくと，上空ほど気圧が低いので，空気塊は膨張する。このとき，**空気塊は周囲の空気と熱のやりとりをせずに温度が下がる**んだ。

周囲の空気と熱のやりとりをせずに，空気塊の体積や温度が変化することを**断熱変化**というんだよ。断熱変化のうち，空気塊の体積が増加する現象を**断熱膨張**というんだ。

空気が膨張すると温度が下がるの？

これは実験で確認することができるよ。図12-5のような装置を準備して，ピストンを引いてみよう。ピストンを引くという作業は，フラスコの中の空気を膨張させることになるんだ。ピストンを引いたときに，温度計の目盛りを見ると，温度が下がることを確認できるんだよ。

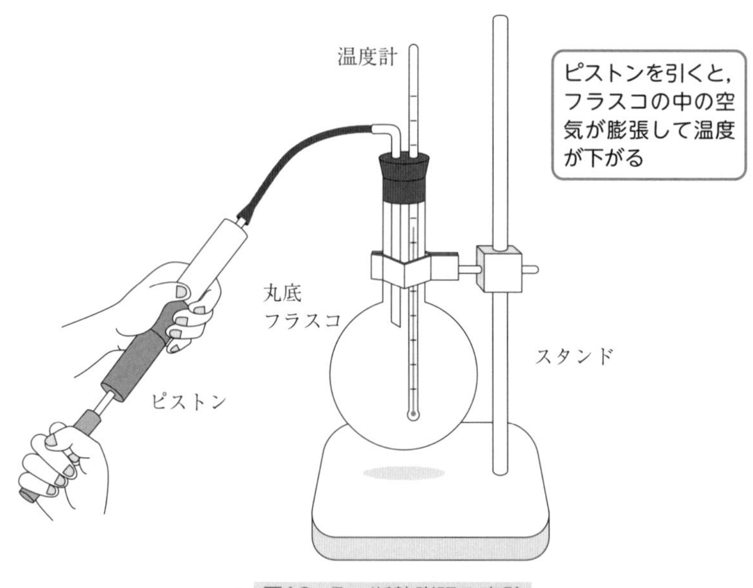

▲ 図12-5　断熱膨張の実験

5 雲の発生と種類

空気塊が上昇すると，膨張することによって空気塊の温度が下がる。そして，空気塊の温度が露点よりも下がると，空気塊に含まれている水蒸気の一部が水滴や氷晶となるんだ(図12-6)。雲はこのようにしてできた水滴や氷晶が集まったもので，雲をつくっている水滴や氷晶を**雲粒**(くもつぶ)というんだよ。また，雲ができ始める高度を**凝結高度**というんだ。

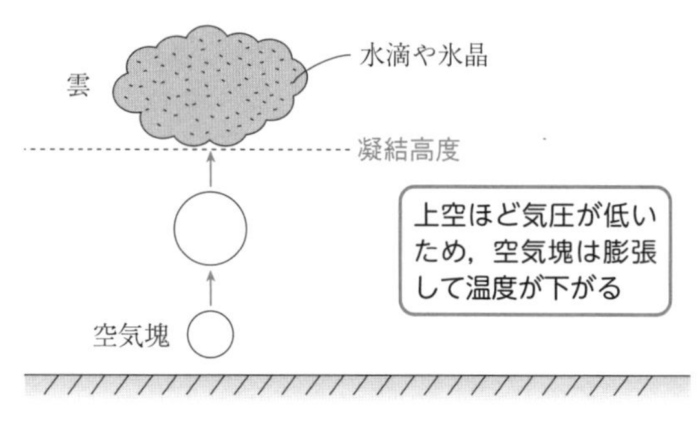

▲ 図12-6　雲の発生

雲にはさまざまな形があり，水平方向に広がる雲や垂直方向に発達する雲などがある。雲を高度や形態によって 10 種類に分けたものを**十種雲形**というんだ。

対流圏の上層(高度約 5 ～ 13 km)には巻雲，巻積雲，巻層雲，中層(高度約 2 ～ 7 km)には高積雲，高層雲，乱層雲，下層(地表付近～高度約 2 km)には層積雲，層雲が形成されることが多いんだよ(図12-7)。また，強い上昇気流によって，積雲や積乱雲が形成されることもあるんだ。積乱雲や乱層雲は，雨を降らせる雲だよ。

巻積雲

乱層雲

▲ 図12-7　巻積雲と乱層雲

チェック問題　標準　5分

地球表層の水に関する次の問いに答えよ。

問１　次の表は気温と飽和水蒸気量の関係を表している。この表をもとに，気温 25 ℃，露点温度 10 ℃の 1 m^3 の空気塊が 5 ℃まで冷える過程を考える。この空気塊が気温 25 ℃のときの相対湿度(湿度)と，この空気塊が冷える過程で放出される潜熱の量を求める，それぞれの計算式の組合せとして最も適当なものを，下の①～④のうちから１つ選べ。ただし，1 g の水蒸気が凝結する際に放出される潜熱の量は 2.5 kJ であるとする。

表　気温と飽和水蒸気量の関係

気温(℃)	飽和水蒸気量(g/m^3)
5	6.8
10	9.4
15	12.8
20	17.3
25	23.1
30	30.4

	相対湿度(%)を求める式	放出される潜熱(kJ)を求める式
①	$(9.4 \div 23.1) \times 100$	$(9.4 - 6.8) \times 2.5$
②	$(9.4 \div 23.1) \times 100$	$(23.1 - 6.8) \times 2.5$
③	$(12.8 \div 23.1) \times 100$	$(9.4 - 6.8) \times 2.5$
④	$(12.8 \div 23.1) \times 100$	$(23.1 - 6.8) \times 2.5$

問２　地球表層の水は，地表面での蒸発と降水とを１年に何度もくり返しながら循環している。地球全体で年間の平均として見たときの水の循環について述べた文として最も適当なものを，次の①～④のうちから１つ選べ。

① 大気中の水蒸気の量は，対流圏では高さ方向にほぼ一定である。
② 地球全体では，蒸発量は降水量の約2倍あるため，雲が存在している。
③ 海上では蒸発量が降水量より多く，陸上では降水量が蒸発量より多い。
④ 海水は，地球表層に存在する水の量の約7割を占めている。

解答・解説

問1 ①　　問2 ③

問1 露点が10℃であることから，この空気塊には9.4 g/m³の水蒸気が含まれている。また，気温25℃の飽和水蒸気量は23.1 g/m³である。よって，相対湿度を求める計算式は，

$$\frac{9.4}{23.1} \times 100$$

となり，これを計算して相対湿度は41％である。

また，気温が5℃まで下がると，飽和水蒸気量が6.8 g/m³であるから，この1 m³の空気塊では，9.4 − 6.8 = 2.6 gの水蒸気が凝結する。1 gの水蒸気が凝結すると，2.5 kJの潜熱が放出されるから，この1 m³の空気塊の温度が5℃まで下がる過程で放出される潜熱を求める計算式は，

$$(9.4 - 6.8) \times 2.5$$

となり，これを計算して放出される潜熱は6.5 kJである。

問2 それぞれの選択肢を確認する。
① 大気中の水蒸気は主に海面や地表から蒸発したものであるから，対流圏では地表に近いほど多くなる。
② 地球全体では，降水量と蒸発量は等しい。
③ 正しい文である。
④ 海水は，地球表層に存在する水の量の約97.4％を占めている。

13 時間目

第２章　大気と海洋

地球のエネルギー収支

1 太陽放射

太陽が放射するエネルギーは，**電磁波**として宇宙空間を伝わっていくんだ。太陽が放射する電磁波を**太陽放射**というんだよ。

電磁波は，波長が短いほうからγ（ガンマ）線，X線，**紫外線**，**可視光線**，**赤外線**，電波に分けられているんだ（図13-1）。波長とは，波の山から山までの長さのことだよ。私たちが見ることのできる電磁波が可視光線であり，波長の長い可視光線を赤色の光，波長の短い可視光線を青色の光として見ているんだ。

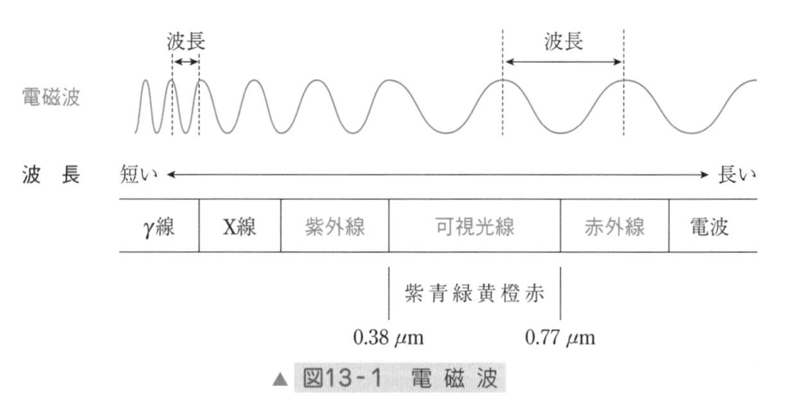

▲ 図13-1　電 磁 波

電磁波にはいろいろな種類があるんだね。
太陽はどの電磁波を放射しているの？

図13-2は，太陽放射エネルギーの強さを波長別に示したもので，Aのグラフは太陽放射を大気圏外（大気圏の上端）で観測したものだよ。太陽は，赤外線，可視光線，紫外線などを放射し，特に波長が0.5 μmあたりの**可視光線を最も強く放射している**んだ。

一方，Bのグラフは，地球表面で観測された太陽放射エネルギーを示したものだよ。大気圏に入射した太陽放射エネルギーは，すべて地表に到達するわけではないんだ。太陽放射の一部は，大気や雲によって反射され宇宙空間に出ていったり，大気や雲に吸収されたりしているんだよ。

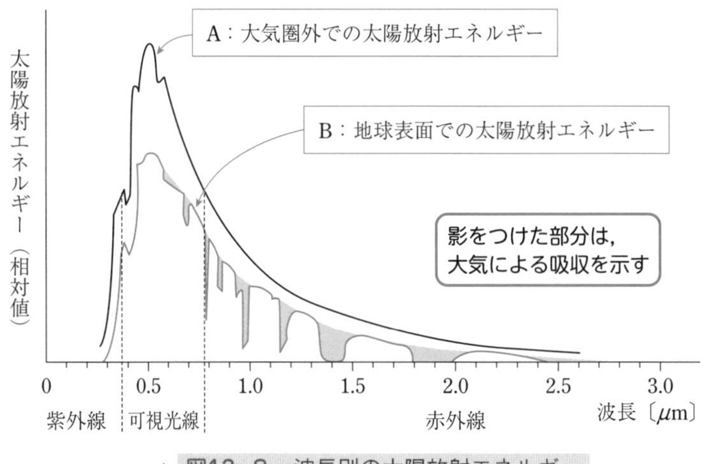

▲ 図13-2　波長別の太陽放射エネルギー

地球が受ける太陽放射を**日射**といい，そのエネルギー量を日射量というんだ。**大気圏の上端で，太陽光に垂直な 1 m^2 の面が 1 秒間に受ける日射量は 1.37 kW/m^2 (1370 W/m^2)** であり，この値を**太陽定数**というんだよ。1 W（ワット）は 1 秒間に 1 J（ジュール）のエネルギーを受けることを表すんだ。

太陽定数を用いて，地球全体が 1 秒間に受ける太陽放射エネルギーを計算することができる。図13-3のように，地球の半径を R とし，地球の上空に太陽光に垂直な半径 R の円盤をイメージしよう。このとき，地球に当たる太陽光は，半径 R の円盤を通過した光であるから，地球が受ける太陽放射エネルギーは，半径 R の円盤を通過してきたエネルギーと考えることができるよね。円盤の 1 m^2 を通過するエネルギーは太陽定数の 1370 W/m^2 であるから，地球全体が受ける太陽放射エネルギーは，太陽定数に円盤の面積 πR^2 をかけて，$1370\,\pi R^2$〔W〕と表すことができるんだ。

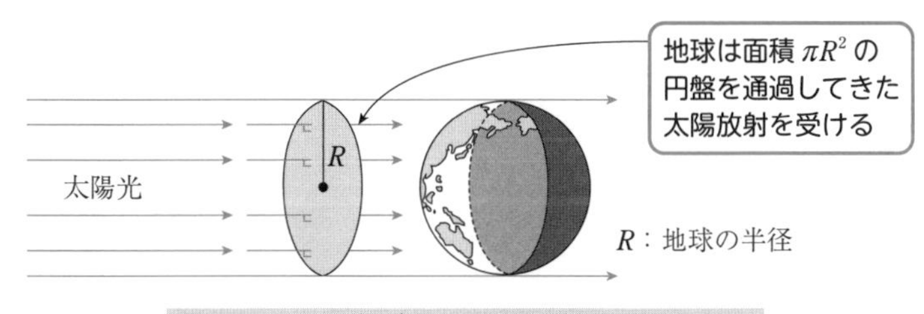

▲ 図13-3　地球が受ける太陽放射エネルギー

2 地球放射

地球は太陽放射を受けとっているけど，地球の温度がどんどん上がることはないよね。これは，地球も宇宙へエネルギーを放出しているからなんだよ。地球が宇宙へ放射する電磁波を**地球放射**というんだ。太陽は可視光線を最も強く放射するけど，**地表や大気は赤外線を放射する**んだよ（**図13-4**）。そのため，地球放射を**赤外放射**とよぶこともあるんだ。

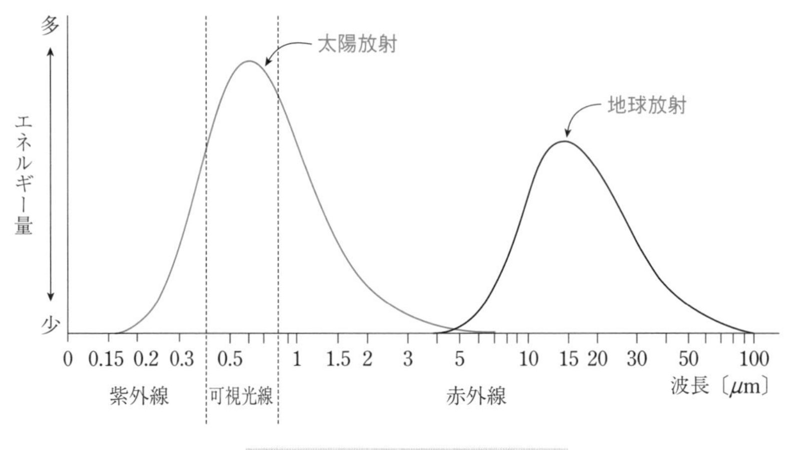

▲ 図13-4　太陽放射と地球放射

ここで，地球全体で平均した地表や大気圏におけるエネルギー収支を見てみよう（**図13-5**）。大気圏に入射した太陽放射エネルギーの約 30 %は，大気，雲，地表などによって反射され，地球が吸収することなく宇宙へ出て行くんだよ。入射するエネルギーに対して，反射されるエネルギーの占める割合を**アルベド**（**反射率**）というんだ。特に雪や氷はアルベドが高く，太陽放射の大部分を反射するんだよ。

大気圏に入射した太陽放射エネルギーの約 20 %は大気圏で吸収され，約 50 %は地表に吸収されるんだ。特に，太陽放射のうち**紫外線は大気中の酸素やオゾンに吸収され，赤外線は大気中の水蒸気や二酸化炭素に吸収される**んだよ。

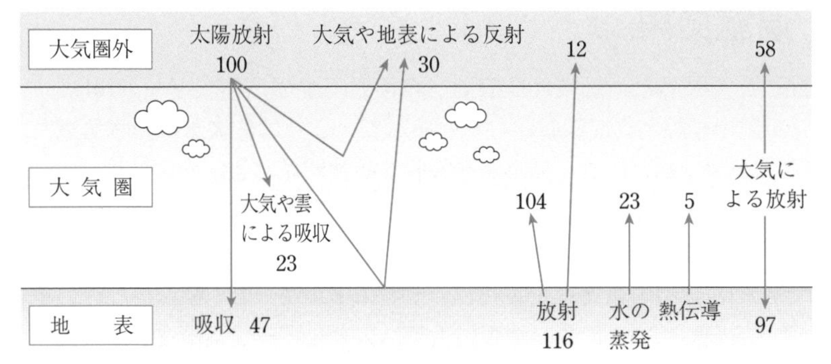

▲ 図13-5 地球のエネルギー収支

地表から大気へのエネルギーは，主に地表から放射される赤外線によって運ばれるけど，水の蒸発による潜熱輸送や熱伝導によっても運ばれるんだ。

地球に入射する太陽放射エネルギーを100とすると，**図13-5**より，地表は太陽放射エネルギー(47)と大気からの放射エネルギー(97)を吸収するから，地表が吸収するエネルギーは，

$$47+97=144$$

である。一方，赤外線の放射(116)，水の蒸発(23)，熱伝導(5)によって，地表が放出するエネルギーは，

$$116+23+5=144$$

である。このように，地表が吸収するエネルギーと放出するエネルギーはつり合っているんだよ。同様に，大気圏でもエネルギー収支はつり合っているんだ。

ポイント ▶ 地球のエネルギー収支

太陽放射 ▶ 太陽は可視光線を最も強く放射する
大気圏に入射した太陽放射エネルギー
▶約 30 %：大気，雲，地表によって反射される
▶約 20 %：大気や雲によって吸収される
▶約 50 %：地表によって吸収される

地球放射 ▶ 地表や大気は赤外線を放射する

3 温室効果

図13-5を見ると，地表から放射された赤外線のエネルギー(116)は，そのほとんど(104)が大気に吸収されているよね。これは，**大気中の水蒸気，二酸化炭素，メタンなどには，赤外線を吸収する性質がある**からなんだ。大気が吸収したエネルギーは，再び赤外線として地表と宇宙に向けて放出されるんだよ。

大気(水蒸気，二酸化炭素，メタンなど)は，太陽からの可視光線を透過させるけど，地表からの赤外線を吸収し，そのエネルギーの一部を再び赤外線として地表へ放出しているため，地表付近ではエネルギーが蓄積されて温度が上がるんだ(図13-6)。このような大気のはたらきを**温室効果**というんだよ。また，地表からの赤外線を吸収して温室効果に寄与する水蒸気(H_2O)，二酸化炭素(CO_2)，メタン(CH_4)などを**温室効果ガス**というんだ。

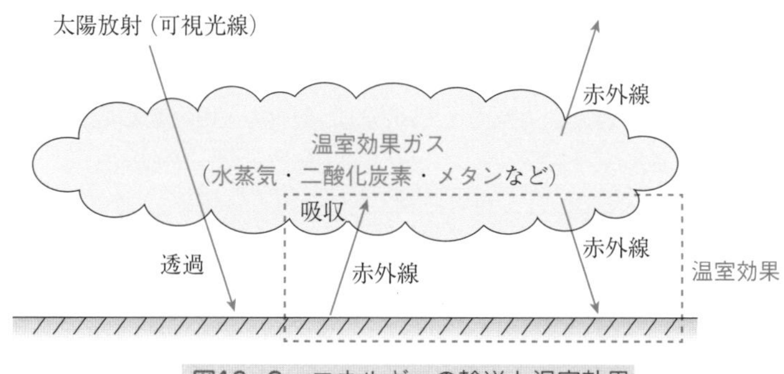

▲ 図13-6　エネルギーの輸送と温室効果

夜間は日射がないため，地表から赤外線が放射されることによって，地表の温度は下がる。特に，水蒸気や雲の少ないよく晴れた夜には，地表からの赤外線が宇宙へ放出されやすくなり，地表付近の温度が大きく低下するんだ。このような現象を**放射冷却**というんだよ。

ポイント ▶ 温室効果

▶地表から放射された赤外線を大気が吸収し，そのエネルギーの一部を大気が地表へ放射することによって，地表付近が暖められる

温室効果ガス▶水蒸気(H_2O)，二酸化炭素(CO_2)，メタン(CH_4)など

4 南北方向の熱輸送

地球が受けとる太陽放射エネルギーと地球放射エネルギーを緯度別に見てみよう（図13-7）。低緯度では地球が受けとる太陽放射エネルギーは，地球放射エネルギーよりも大きく，高緯度ではその逆になっている。

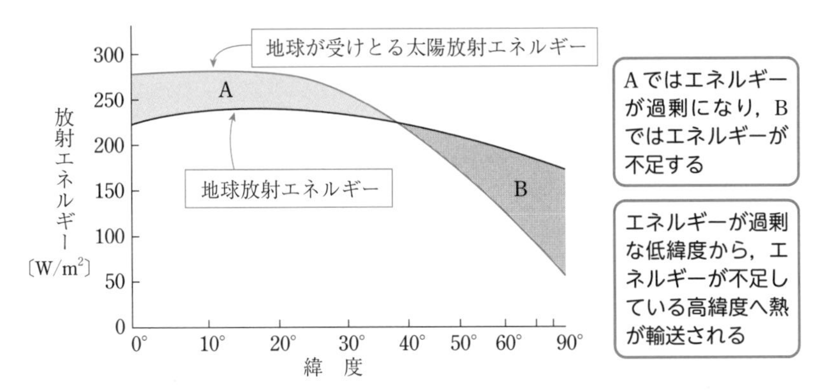

▲ 図13-7　地球が受けとる太陽放射と地球放射の緯度分布

受けとるエネルギーと放出するエネルギーが異なるとどうなるの？

ある場所で放出するエネルギーよりも吸収するエネルギーのほうが大きくなると，その場所の温度は上昇するんだ。だけど，低緯度で温度が上昇し続けることは起こっていないよね。

また，吸収するエネルギーよりも放出するエネルギーのほうが大きくなると，その場所の温度は低下するんだ。だけど，高緯度で温度が低下し続けることは起こっていないよね。

それは，**低緯度で受けとったエネルギーの一部が，大気や海水の循環によって，高緯度へ運ばれている**からだよ。このようにして，低緯度と高緯度におけるエネルギーの過不足を解消しているんだ。

チェック問題

標準 

地球のエネルギー収支に関する次の問いに答えよ。

問1　太陽は波長0.5 μmを中心とする電磁波を放射し，地球は波長10 μmを中心とする電磁波を放射している。これらを，それぞれ，太陽放射および地球放射という。これら太陽放射および地球放射の波長帯の電磁波を，それぞれ，どう呼ぶか。下の①～⑥の組合せのうちから正しいものを1つ選べ。

	太陽放射	地球放射
①	紫外線	可視光線
②	紫外線	赤外線
③	可視光線	紫外線
④	可視光線	赤外線
⑤	赤外線	紫外線
⑥	赤外線	可視光線

問2　緯度ごとにみると，吸収される太陽放射と放出される地球放射はつり合っていない。このことは異なる緯度間で熱が輸送されていることを示す。次のａ～ｃのうち年間を通じて地球が吸収する太陽放射(実線)と地球放射(破線)の緯度分布を示した模式図として最も適当なものと，次のｄ～ｆのうち大気と海洋による熱輸送の緯度分布の模式図として最も適当なものの組合せを，次の①～⑨のうちから1つ選べ。

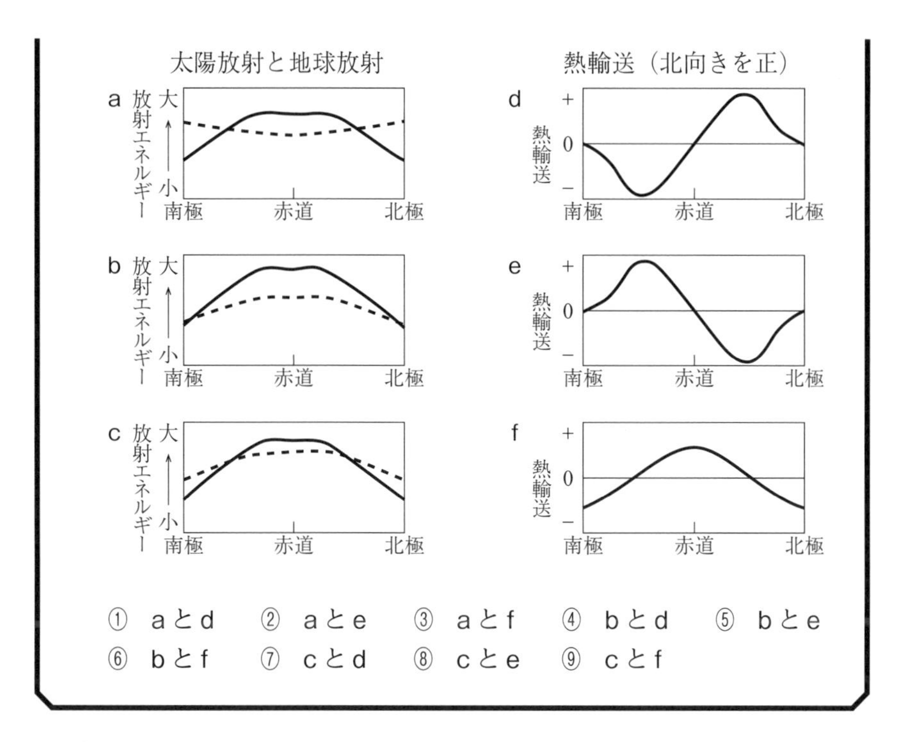

① aとd　② aとe　③ aとf　④ bとd　⑤ bとe
⑥ bとf　⑦ cとd　⑧ cとe　⑨ cとf

解答・解説

問1　④　　問2　⑦

問1　太陽は波長0.5 μmあたりの可視光線を最も強く放射し，地球は波長10 μmあたりの赤外線を最も強く放射する。可視光線の波長は，およそ0.38～0.77 μmである。

問2　地球が吸収する太陽放射エネルギーと宇宙へ放出する地球放射エネルギーはともに，低緯度で大きく，高緯度で小さい。ただし，低緯度では地球が吸収する太陽放射エネルギーは地球放射エネルギーよりも大きく，高緯度では地球が吸収する太陽放射エネルギーは地球放射エネルギーよりも小さい。よって，放射エネルギーの緯度分布はcである。

また，大気と海洋は低緯度から高緯度へエネルギーを輸送している。北半球では北向き（高緯度方向）に，南半球では南向き（高緯度方向）に輸送するため，熱輸送の緯度分布はdである。

第２章　大気と海洋

大気の大循環

1 貿易風

赤道付近では上昇気流が卓越し，気圧の低い領域が広がっている。この領域を**熱帯収束帯**というんだ。また，緯度 20°～30° 付近では下降気流が卓越し，気圧の高い領域が広がっているんだよ。この領域を**亜熱帯高圧帯**というんだ（図14-1）。

風は気圧の高いほうから低いほうへ吹くから，亜熱帯高圧帯から熱帯収束帯に向かって吹くんだよ。このような低緯度の地表付近の風を**貿易風**というんだ。

地球の自転の影響のため，貿易風は北半球では北東から吹き，南半球では南東から吹くので，北半球の風を**北東貿易風**，南半球の風を**南東貿易風**とよぶこともあるんだ。北から吹いてくる風を北風とよぶように，**風向は風が吹いてくる方向を表す**んだよ。風が吹いていく方向ではないから注意しておいてね。

貿易風として熱帯収束帯へ流れ込んだ空気は，上昇気流となり，上空を高緯度側へ向かい，緯度 20°～30° 付近の亜熱帯高圧帯で下降しているんだ。低緯度の対流圏では，図14-1のような対流運動が生じていて，このような大気の循環を**ハドレー循環**というんだよ。

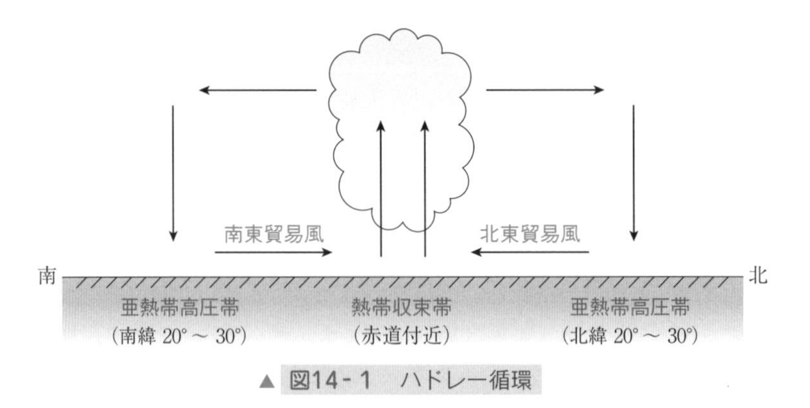

▲ 図14-1　ハドレー循環

ポイント ▶ 貿易風

▶低緯度の地表付近で，亜熱帯高圧帯から熱帯収束帯に向かって吹く

2 偏西風

中緯度の対流圏では西よりの風が吹いている。この風を**偏西風**というんだ。図14-2は，地球規模の大気の大循環を示したものだよ。低緯度と中緯度では，風の吹き方が大きく異なっているよね。

北半球だけでなく，南半球も中緯度では偏西風が吹いているんだね。

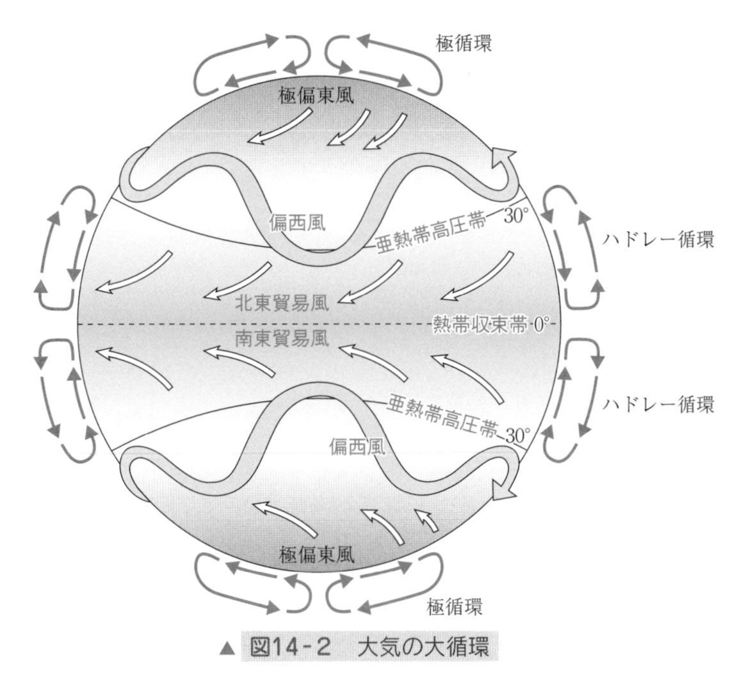

▲ 図14-2　大気の大循環

貿易風は地表付近を吹く風だけど，偏西風は地表付近だけでなく，対流圏の高いところでも吹いているんだ。上空の高い雲を見ると，偏西風によって西から東へ動いていく様子を観察できることもあるんだよ。

偏西風は圏界面付近（対流圏の上端）で特に強く吹いていて，この風を**ジェット気流**というんだ。ジェット気流は，夏には弱まって高緯度側を吹き，冬には強まって低緯度側を吹くんだよ。

偏西風は，低緯度側の暖気と高緯度側の寒気の間を，**南北に蛇行しながら吹いている**（図14-3）。このような吹き方によって，偏西風は熱を低緯度側で受けとり，高緯度側へ運ぶことができるんだ。

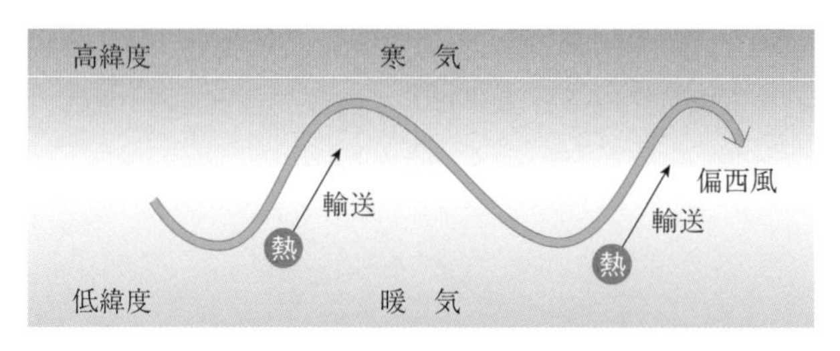

▲ 図14-3　偏西風による熱輸送

図14-4は，大気や海洋による南北方向の熱輸送量を示したものだよ。大気による熱輸送量は，中緯度で大きくなっているよね。これは偏西風による熱輸送量が大きいことを示しているんだ。

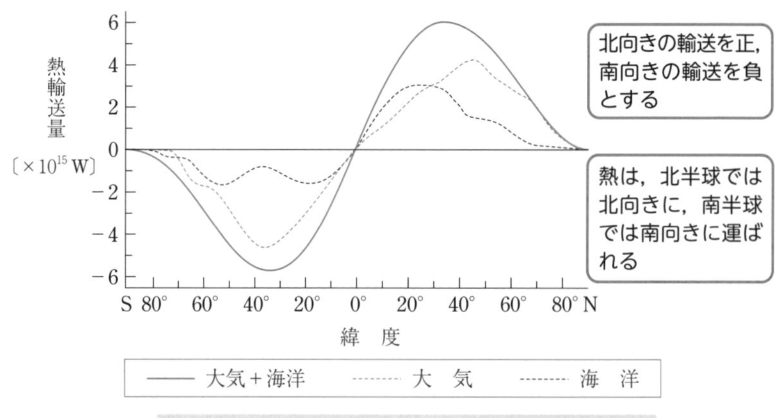

▲ 図14-4　大気と海洋による南北方向の熱輸送量

ポイント ▶ 偏 西 風

▶中緯度の対流圏で，西から東に向かって吹いている
▶南北に蛇行しながら吹き，熱を低緯度側から高緯度側へ運んでいる

3 陸と海の温度差による風

水は他の物質よりもあたたまりにくく，冷めにくいという性質がある。そのため，冬の大陸は海洋よりも温度が低く，夏の大陸は海洋よりも温度が高いんだよ。

また，暖かい空気は密度が小さくて軽く，冷たい空気は密度が大きくて重い。そのため，冬の大陸では下降気流，海洋では上昇気流が生じ，夏の大陸では上昇気流，海洋では下降気流が生じやすいんだ。このような気流にともなって，冬の地表付近では大陸から海洋へ，夏の地表付近では海洋から大陸へ風が吹くんだよ。このような風を**季節風（モンスーン）**というんだ。

季節風と同じように陸地と海面の温度差によって，海岸付近を吹く風があるんだ。**図14-5**のように，晴れた日の日中は海から陸へ風が吹き，夜間には陸から海へ風が吹くことがあるんだよ。

海と陸ではあたたまりやすさが異なるから，１日のうちでも海と陸の温度差が生じて，風が吹くんだね。

日中，陸では空気が暖められて，上昇気流が生じる

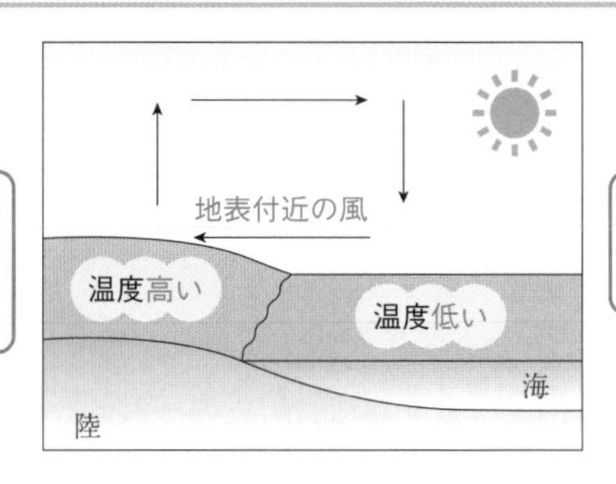

日中，海では下降気流が生じる

夜間，陸では空気が冷やされて，下降気流が生じる

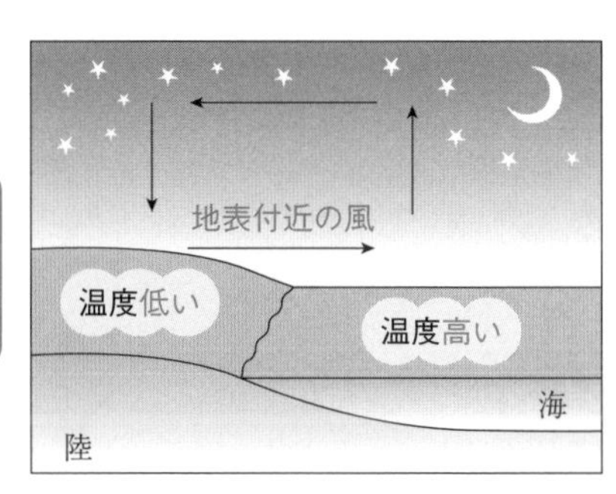

夜間，海では上昇気流が生じる

▲ 図14-5　海岸付近での日中と夜間の風

チェック問題

大気の大循環に関する次の文章を読み，下の問いに答えよ。

ヨーロッパに旅行したある日，ベニス(東経 12° 付近)で空を見ていると，上層雲が流れていた。これは偏西風によるものだと思った。偏西風は中緯度の上空を吹く風で，地球をめぐり，その風速は［ア］の上部で最も大きい。

この偏西風の空気が 1 日につき経度で約 30° 移動するとすれば，この空気は約［イ］日前に日本付近(東経 135° 付近)の上空にあったことになる。

問1　上の文章中の［ア］・［イ］に入れる語と数値の組合せとして最も適当なものを，次の①～④のうちから 1 つ選べ。

	ア	イ
①	対流圏	4
②	対流圏	8
③	成層圏	4
④	成層圏	8

問2　熱帯収束帯付近における地表付近の一般的な風系として最も適当なものを，次の①～④のうちから 1 つ選べ。

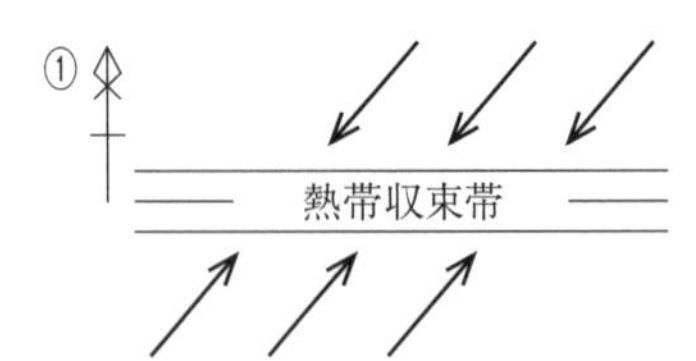

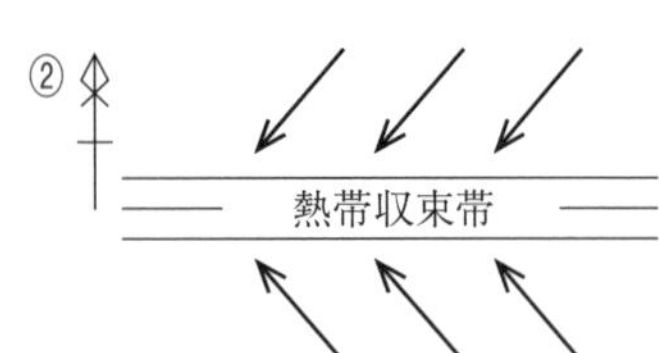

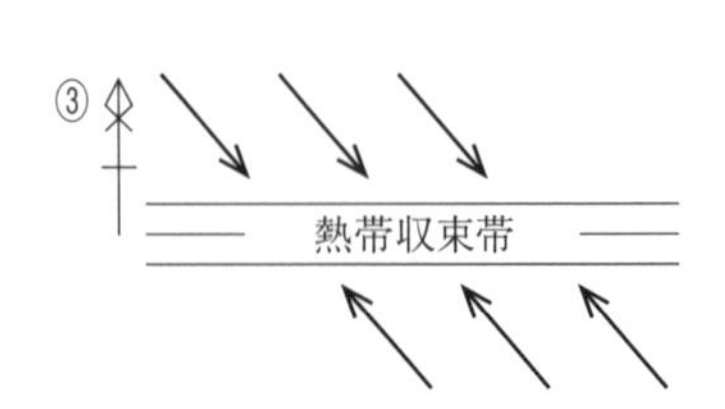

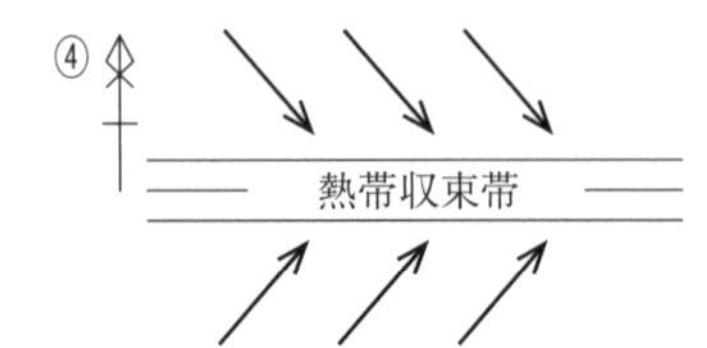

解答・解説

問1　②　　問2　②

問1 ［ア］ 偏西風は対流圏の上部で特に強く吹いていて，この風をジェット気流という。また，巻雲，巻積雲，巻層雲などの上層雲は，対流圏の上層(高度約 5 ～13 km)にできる雲であり，偏西風によって流れていく様子を観察できることもある。

［イ］ 偏西風は西から東へ吹く風であるから，偏西風の空気は，日本(東経 135° 付近)からベニス(東経 12° 付近)まで，経度にして 237° 移動したことになる。偏西風の空気が 1 日につき経度で約 30° 移動するから，ベニスの上空の空気は，

$237 \div 30 = 7.9$〔日前〕

に日本の上空にあったことになる。

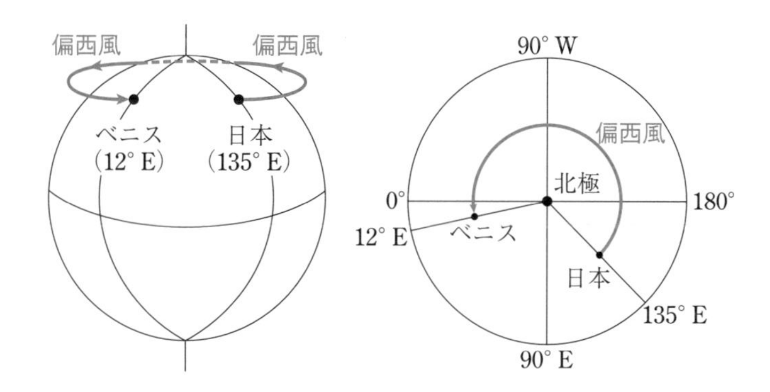

問2　赤道付近の気圧の低い場所を熱帯収束帯という。熱帯収束帯の北側(北半球の低緯度)では，北東貿易風が卓越している。一方，熱帯収束帯の南側(南半球の低緯度)では，南東貿易風が卓越している。北東貿易風は北東方向から吹いてくる風であり，南東貿易風は南東方向から吹いてくる風である。

温帯低気圧と熱帯低気圧

1 高気圧と低気圧

周囲よりも気圧の高い領域を**高気圧**，周囲よりも気圧の低い領域を**低気圧**という。

高気圧と低気圧の位置は天気図を見るとわかるよね。

北半球の高気圧の**中心付近では下降気流が生じ，地表付近では中心から時計回りに風が吹き出す**んだ（図15-１）。高気圧の付近では，雲が発生しにくく，天気は晴れとなることが多いんだよ。

また，北半球の低気圧の**中心付近では反時計回りに風が吹き込み，上昇気流が生じている**んだ（図15-１）。上昇気流があるところでは雲が発生しやすいから，低気圧の付近では雨が降りやすいんだよ。

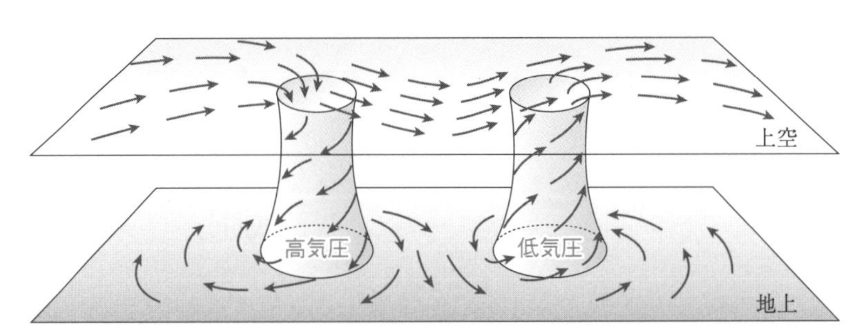

▲ 図15-１　北半球の高気圧・低気圧付近の風

ポイント 高気圧と低気圧

高気圧▶時計回りに風が吹き出す（北半球）
下降気流が卓越し，天気は晴れやすい

低気圧▶反時計回りに風が吹き込む（北半球）
上昇気流が卓越し，雨が降りやすい

2 温帯低気圧

暖気と寒気のような性質が異なる２つの気団(大規模な空気塊)の境界面が地表と交わったところを**前線**というんだ(**図15-2**)。前線には，温暖前線，寒冷前線，閉塞前線，停滞前線などがあるんだよ。

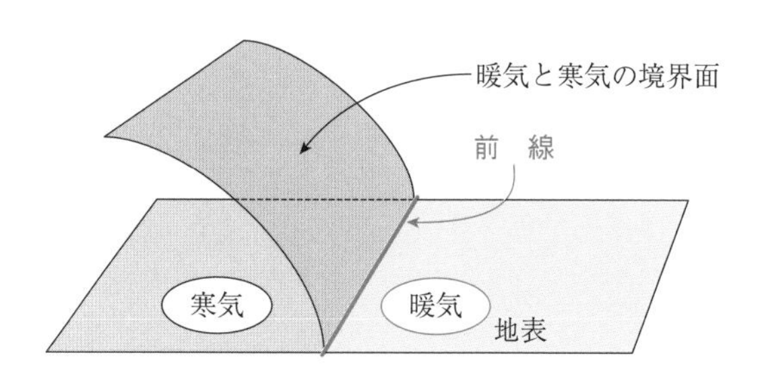

▲ 図15-2　前　　線

日本付近を周期的に通過する低気圧は，南北の気温差が大きい場所で発生し，**温帯低気圧**とよばれているんだ。**図15-3**のように，一般に日本付近の温帯低気圧は，東側に**温暖前線**，西側に**寒冷前線**をともなっているんだよ。

北半球の低気圧では反時計回りに風が吹き込むから，低気圧の南側では暖気が流れ込み，北側や西側では寒気が流れ込むんだ。特に，温暖前線と寒冷前線を境にして，気温が大きく変化するんだよ。

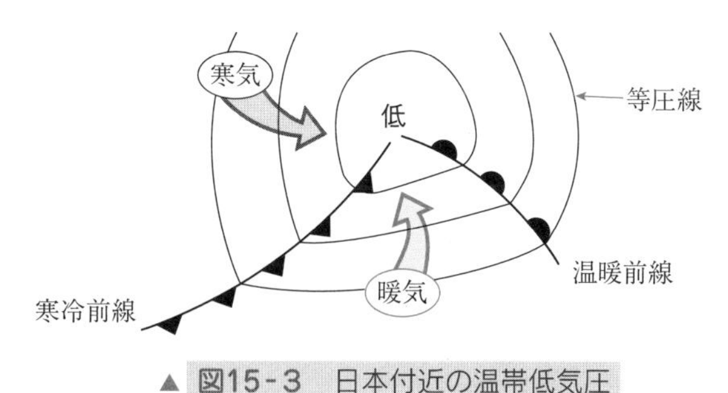

▲ 図15-3　日本付近の温帯低気圧

第2章 大気と海洋

図15-4は，温帯低気圧にともなう温暖前線と寒冷前線の構造を示したものだよ。**温暖前線では，暖気が寒気の上にはい上がる**ことによって，乱層雲，高層雲，巻雲などができ，乱層雲の下では，広い範囲に雨が降っているんだ。

寒冷前線では，寒気が暖気の下にもぐり込むことによって暖気が上昇し，積乱雲が発達するんだよ。積乱雲の下では，激しい雨や雷雨となることが多いんだ。

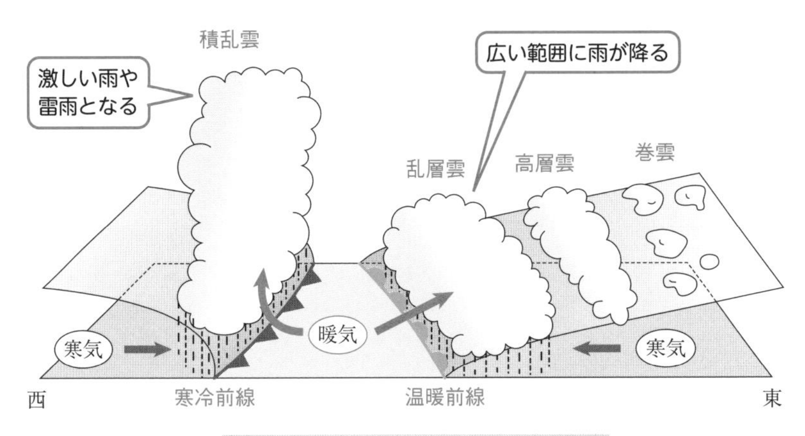

▲ 図15-4　温暖前線と寒冷前線の構造

温帯低気圧やそれにともなう温暖前線や寒冷前線は，一般に偏西風によって西から東へ進むんだよ。**温暖前線が西から東へ通り過ぎると，西から暖気が入り込んでくるから気温が上がる**んだ。また，**寒冷前線が西から東へ通り過ぎると，西から寒気が入り込んでくるから気温が下がる**んだよ。

ポイント　温暖前線と寒冷前線

温暖前線▶
- 温帯低気圧の東側にできる(日本付近)
- 暖気が寒気の上にはい上がる
- 乱層雲によって，広い範囲に雨が降る
- 通過すると気温が上がる

寒冷前線▶
- 温帯低気圧の西側にできる(日本付近)
- 寒気が暖気の下にもぐり込む
- 積乱雲によって，激しい雨や雷雨となる
- 通過すると気温が下がる

参考　気象衛星の画像

気象衛星は，赤道の上空から雲のようすを観測しているんだ。気象衛星が観測した雲の画像には，**可視画像**や**赤外画像**などがあるんだよ(図15-5)。

可視画像は，雲によって反射された太陽光を観測したものなんだ(図15-6)。反射が強いところほど白く，弱いところほど黒く見えるように画像を作成しているので，白く見えるところほど雲が厚く，雨をともなうことが多いんだよ。また，夜間は太陽光が雲に当たらず，観測することができないんだ。

赤外画像は，雲から放射される赤外線を観測したものなんだ(図15-6)。対流圏では高度が高いほど気温が低くなるから，雲の温度は下層ほど高く，上層ほど低くなるよね。また，雲から放射される赤外線は温度が高いほど強くなるんだよ。赤外画像では赤外線が強いほど黒く，赤外線が弱いほど白く見えるように表しているから，温度の低い上空の雲ほど白く見えるんだ。

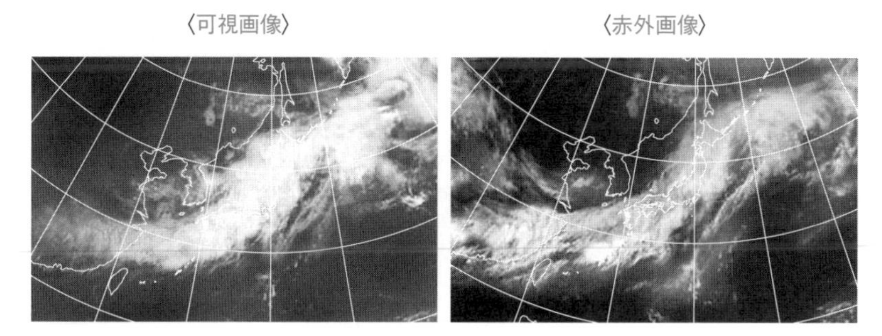

▲ 図15-5　気象衛星の画像

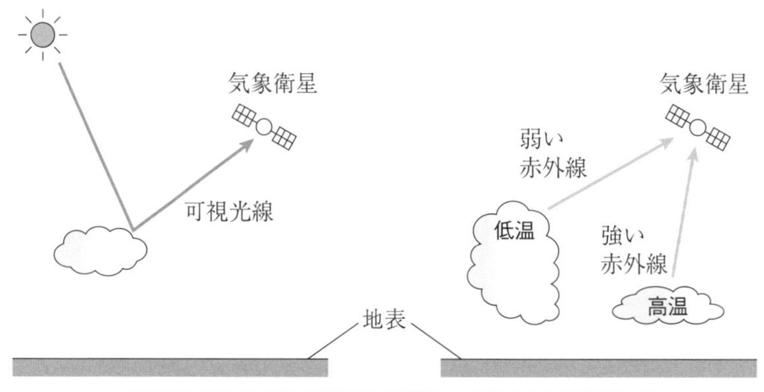

▲ 図15-6　気象衛星による可視光線と赤外線の観測

3 熱帯低気圧

海面水温の高い低緯度の海域で発生する低気圧を**熱帯低気圧**というんだ。熱帯低気圧は前線をともなわないんだよ。

熱帯には暖気と寒気の境界がないから，前線はできないんだね。

北太平洋の西部で発生した熱帯低気圧のうち，最大風速が約 17 m/s 以上になったものを**台風**というんだ。台風の下層では反時計回りに風が吹き込んでいるけど，台風の上層では時計回りに風が吹き出しているんだよ(**図15-7**)。

海面から蒸発した水蒸気は，台風の中心付近で上昇し，凝結して積乱雲(水滴)となるんだ。このときに，潜熱が放出されて空気が暖められるから，上昇気流がさらに強まって，台風は発達するんだよ。

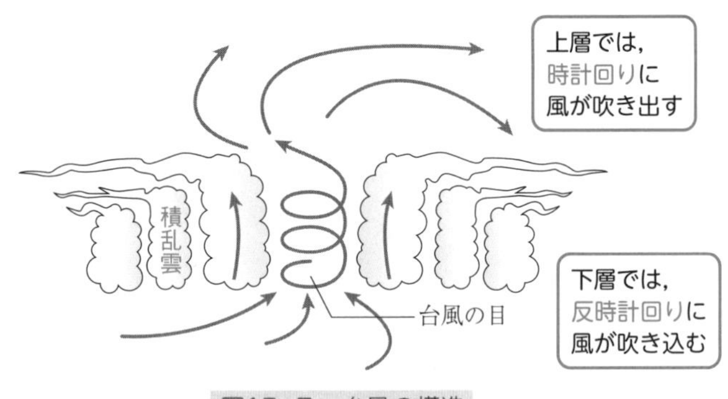

▲ **図15-7**　台風の構造

台風にともなう風は，中心から 50～100 km あたりで最も強いけど，それよりも内側では風が弱く，青空が見えることもあるんだ(**図15-8**)。このような特徴をもつ台風の中心部分を**台風の目**というんだよ。

図15-9の天気図のように，台風の中心付近では等圧線の間隔がせまくなっているから，強い風が吹いているんだ。台風の周囲には積乱雲が集まっているけど，台風の目は気象衛星による雲画像で雲のない場所として確認できることもあるんだよ。

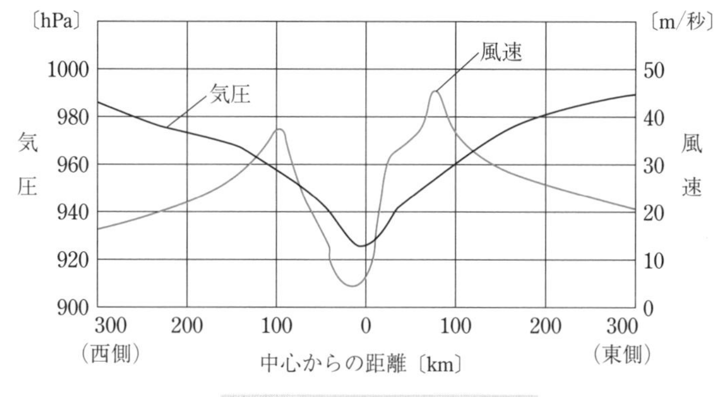

▲ 図15-8　台風の気圧と風速

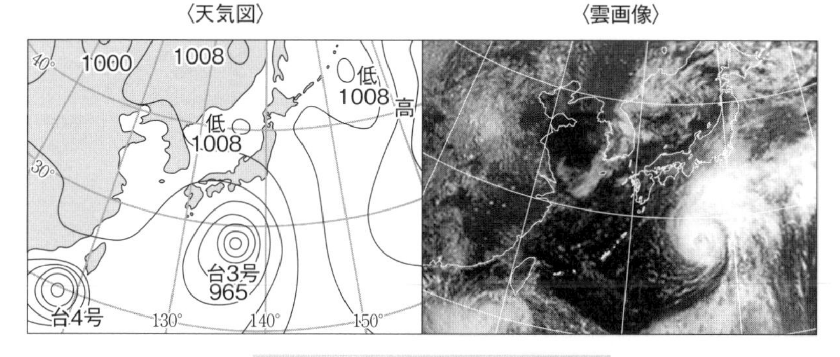

▲ 図15-9　台風の天気図と雲画像

台風は８月～９月に最も多く発生し，日本列島に接近する。台風が近づくと，暴風や洪水などによる被害が発生することがあるよね。また，台風の接近による気圧の低下と強風による海水の吹き寄せによって，海面が高くなることがあるんだ。この現象を**高潮**というんだよ。

ポイント ▶ 台　風

- ▶風は下層では反時計回りに吹き込み，上層では時計回りに吹き出す
- ▶水蒸気が凝結するときに放出される潜熱によって上昇気流が強まる

チェック問題

標準 4分

雲に関する次の文章を読み，下の問いに答えよ。

雲の形態は千差万別である。日本では昔から特徴的な形の雲に対して，「入道雲」や「おぼろ雲」といった名称をつけ，親しんできた。雲の形態を科学的に分類しようという試みがなされたのは19世紀初めのことである。現在では雲が現れる高さと形から10種類の基本形に分けられている。

低気圧にともなって，いろいろな形態の雲が観察されるが，次の図に示されるように，温暖前線の付近と寒冷前線の付近では観察される雲に違いがある。

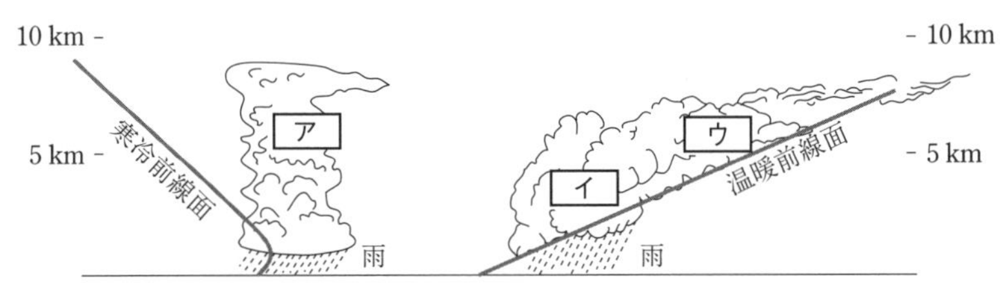

前線の鉛直断面のモデル図。水平方向と鉛直方向の縮尺を変えてある。

問1　文章中の下線部に関連して，図の空欄 ア ～ ウ に入れる雲の組合せとして，最も適当なものを，次の①～⑥のうちから１つ選べ。

	ア	イ	ウ
①	乱層雲	積乱雲	高層雲
②	積乱雲	乱層雲	高層雲
③	乱層雲	高層雲	積乱雲
④	積乱雲	高層雲	乱層雲
⑤	高層雲	乱層雲	積乱雲
⑥	高層雲	積乱雲	乱層雲

問２　熱帯低気圧のうち，北太平洋西部で最大風速が17 m/s 以上になったものを台風と呼ぶ。発達した台風について述べた文として最も適当なものを，次の①～④のうちから１つ選べ。

① 台風の目のまわりには，発達した層雲が広い範囲で観測される。

② 台風の目のなかでは，強い上昇流と強い雨が観測される。

③ 対流圏上層では，風が時計回りに渦巻きながら台風の中心付近から外側に向かって吹き出している。

④ 対流圏上層では，風が時計回りに渦巻きながら外側から台風の中心付近に向かって吹き込んでいる。

解答・解説

問１　②　　問２　③

問１　寒冷前線では，寒気が暖気の下にもぐり込んで暖気を押し上げるので，鉛直方向に発達した積乱雲ができる。

また，温暖前線では，暖気が寒気の上をはい上がっていくので，雲は層状に発達し，下層から順に乱層雲，高層雲，巻雲などが形成される。特に，積乱雲と乱層雲は，雨を降らせる雲である。

問２　それぞれの選択肢を確認する。

① 台風の目のまわりには発達した積乱雲が観測される。

② 台風の目のなかでは下降気流が生じ，雲がないため青空が見えることもある。

③ 正しい文である。

④ 台風は熱帯低気圧であるから，温帯低気圧と同じように北半球の地表付近(対流圏下層)では風が反時計回りに吹き込んでいる。また，対流圏上層では風が時計回りに吹き出している。

日本の天気

1 冬の天気

冬になると，シベリアでは放射冷却が強まって地表の温度が下がるんだ。地表に接した空気も冷やされて下降気流が生じるため，大陸には**シベリア高気圧**が形成されるんだよ。

また，日本の東の海上には低気圧が形成されるため，日本列島の西側に高気圧，東側に低気圧が分布する**西高東低（冬型）**の気圧配置となるんだ。風は大陸の高気圧から海上の低気圧に向かって吹くから，日本列島では北西の**季節風**が吹き，大陸から寒気が流れ込むんだよ。

日本の西側の高気圧では風が時計回りに吹き出し，東側の低気圧では風が反時計回りに吹き込むから，その間の日本列島では北西の風になるんだね。

図16-1は，冬の典型的な天気図と雲画像だよ。冬の天気図では，日本付近で南北にのびる等圧線が密集する傾向があるんだ。等圧線が集まっているところでは，風が強く吹いているんだよ。

天気図の等圧線は４hPaごとに引かれているんだね。

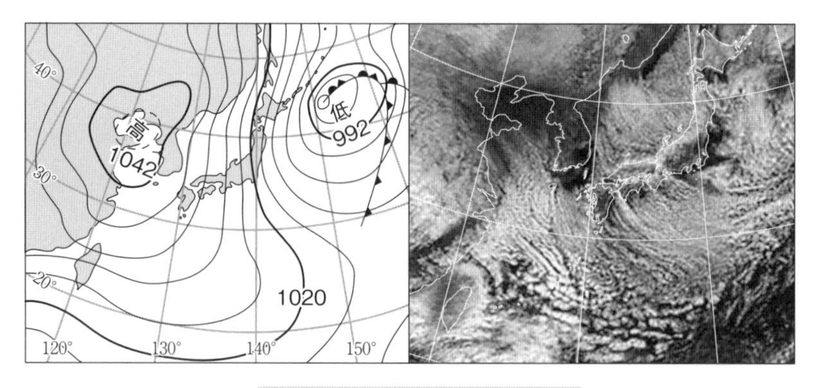

▲ 図16-１　冬の天気図と雲画像

雲画像を見ると，海上にはすじ状の雲が見えるけど，これはどうやってできるの？

シベリア高気圧からの乾燥した空気が日本海を通過するときには，海から蒸発した大量の水蒸気が含まれるようになるんだ(**図16-2**)。この水蒸気が海上で凝結してできた雲が，雲画像に映っているすじ状の雲なんだよ。

すじ状の雲は季節風が吹く方向にのびるんだね。

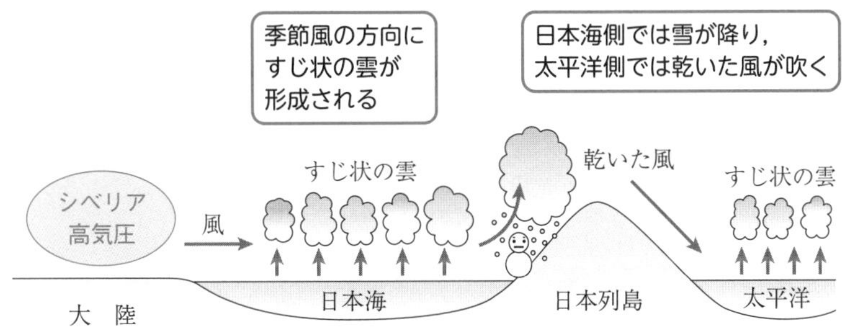

▲ **図16-2**　水蒸気の供給と日本海側での降雪

日本海の海上でつくられた雲は，日本列島にやってきて，やがて日本海側の地域に雪を降らせるんだ。日本海側で上昇気流が強まると，積乱雲が発達して大雪となることもあるんだよ。雪が降ると空気は再び乾燥し，太平洋側の地域には乾いた風が吹き下りるんだ(**図16-2**)。西高東低の気圧配置となる冬には，**日本海側では雪による降水量が多くなり，太平洋側では晴天の日が続いて空気が乾燥することが多くなる**んだよ。

ポイント 冬の天気

- ▶**西高東低**の気圧配置となり，北西の**季節風**が卓越する
- ▶日本海側では雪が降り，太平洋側では空気が乾燥する

2 春の天気

春になって，西高東低の気圧配置がくずれると，日本列島を西から東へ温帯低気圧が次々と通過していくんだ。この温帯低気圧が日本海で発達するときには，低気圧に向かって風が吹き込むので，日本列島では暖かくて強い南風が吹くんだよ(**図16-3**)。

立春(2月4日頃)を過ぎて最初に吹くこのような南風を**春一番**というんだ。このとき，暖かい南風によって気温が上がるので，日本海側では冬に積もった雪がとけて雪崩(なだれ)が発生することもあるんだよ。

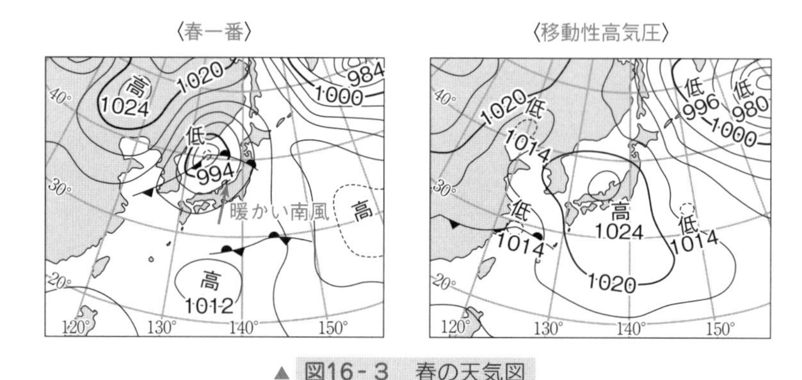

▲ 図16-3　春の天気図

3月～5月頃には，偏西風によって，温帯低気圧だけでなく高気圧も日本付近を西から東へ通過していくんだよ(**図16-3**)。このような高気圧を**移動性高気圧**というんだ。温帯低気圧と移動性高気圧は交互に通過していくことが多いから，天気は周期的に変化するんだよ。

また，中国やモンゴルの砂漠から舞い上がった砂が，偏西風によって運ばれてくることもある。日本の周辺に降下するこの砂を**黄砂**というんだ。近年は黄砂が増加している傾向があり，健康への影響が心配されているんだよ。

ポイント ▶ 春の天気

▶ 温帯低気圧と移動性高気圧が交互に通過する
▶ 黄砂が飛来することがある

3 梅雨の天気

日本では6月から7月にかけて，雨の日が続くことが多く，この期間を**梅雨**（つゆ）というんだ。このころ，日本の北側には**オホーツク海高気圧**，南側には**北太平洋高気圧**ができるため，オホーツク海高気圧からの寒気と北太平洋高気圧からの暖気の境界に，停滞前線ができるんだ(**図16-4**)。梅雨の時期に日本付近にできる停滞前線を**梅雨前線**（ばいう）というんだよ。

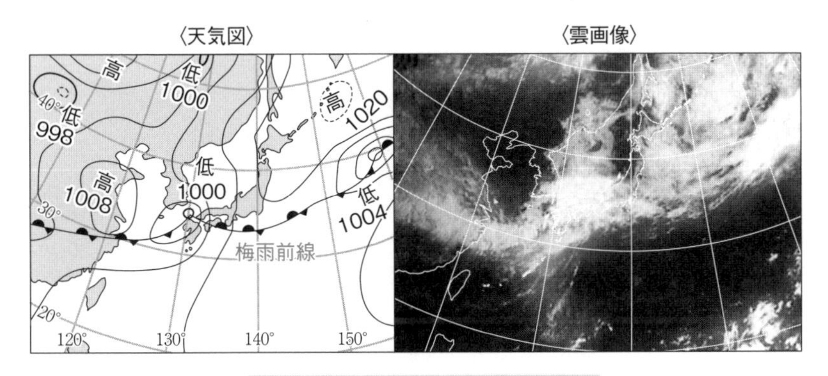

▲ 図16-4　梅雨の天気図と雲画像

梅雨の末期には，梅雨前線の南側から暖かく湿った空気が，西日本に流れ込むことが多くなり，**集中豪雨**が発生することがあるんだ。集中豪雨とは，狭い地域に短時間に大量の雨が降ることだよ。

気温が高いほど飽和水蒸気量が多くなるから，南からの暖かい空気には多くの水蒸気が含まれているんだね。

また，オホーツク海高気圧からの冷たい空気は，東日本の太平洋側に流れ込むため，オホーツク海高気圧が発達すると，東日本では冷夏となり，農作物に被害が出ることがあるんだよ。

ポイント 梅雨の天気

▶南側の**北太平洋高気圧**と北側の**オホーツク海高気圧**の間に**梅雨前線**(停滞前線)が形成され，雨の日が続くことが多い

4 夏の天気

7月下旬になると，北太平洋高気圧の勢力が強くなるため，日本列島の南側に高気圧，北側に低気圧が分布する**南高北低**（**夏型**）の気圧配置となるんだ（図16-5）。風は南側の高気圧から北側の低気圧に向かって吹くから，日本列島では南よりの風が吹くんだよ。だけど，等圧線の間隔が広いから，風は比較的弱いんだ。日本列島が北太平洋高気圧におおわれるときには，蒸し暑い晴天が続くんだよ。

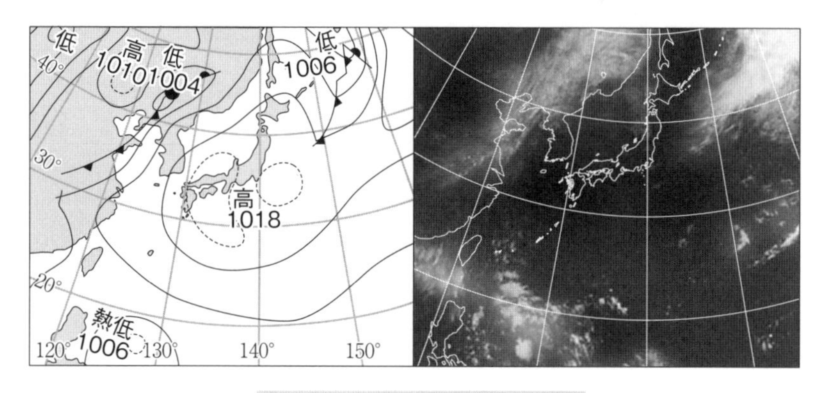

▲ 図16-5　夏の天気図と雲画像

夏の午後には，強い日射によって地表付近の温度が高くなる。さらに南から暖かく湿った空気が流れ込むので，日本列島の内陸では上昇気流が生じて積乱雲が発達しやすくなるんだ。そのため，夕立，雷雨，集中豪雨などが発生することがあるんだよ。

高気圧におおわれていても一時的に雨が降ることもあるんだね。

ポイント 夏の天気

- 南高北低の気圧配置となり，蒸し暑い日が続く
- 夕立，雷雨，集中豪雨が発生することがある

5 秋の天気

秋になり，北太平洋高気圧の勢力が弱まると，日本付近には停滞前線が現れるようになるんだ。9月から10月にかけて現れる停滞前線を**秋雨前線**（あきさめ）というんだよ。

また，8月～9月頃は，台風が日本列島に接近しやすいから，日本列島に停滞している秋雨前線に，台風が接近してくることもあるんだ。このようなときには，大雨や集中豪雨が発生しやすくなり，河川が氾濫して大きな被害が出ることもあるんだよ。台風は北太平洋高気圧の西側を北上し，日本付近では偏西風の影響を受けて北東方向へ移動することが多いんだ（図16-6）。

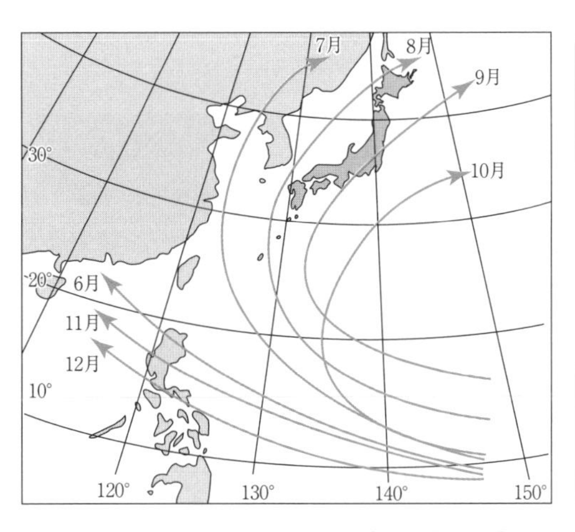

▲ 図16-6　台風の主な進路

10月～11月頃には，春と同じように，温帯低気圧と移動性高気圧が日本付近を交互に通過し，天気が周期的に変化するようになるんだよ。

ポイント　秋の天気

- 8月～9月頃には，台風が日本列島に接近しやすい
- 9月～10月頃には，秋雨前線が停滞する
- 10月～11月頃には，温帯低気圧と移動性高気圧が交互に通過する

チェック問題

易 4分

梅雨前線に関する次の文章を読み，下の問いに答えよ。

梅雨前線は，５月～７月ごろに中国から日本にかけて停滞する。この梅雨前線は，日本のはるか南の太平洋の高温で湿った空気で特徴づけられる高気圧とオホーツク海の冷たい空気で特徴づけられる高気圧との間に形成され，発達した積乱雲がその前線のところどころに集まっている。

問１　次の気象衛星の可視画像で，梅雨時を示すものとして最も適当なものを，次の①～④のうちから１つ選べ。

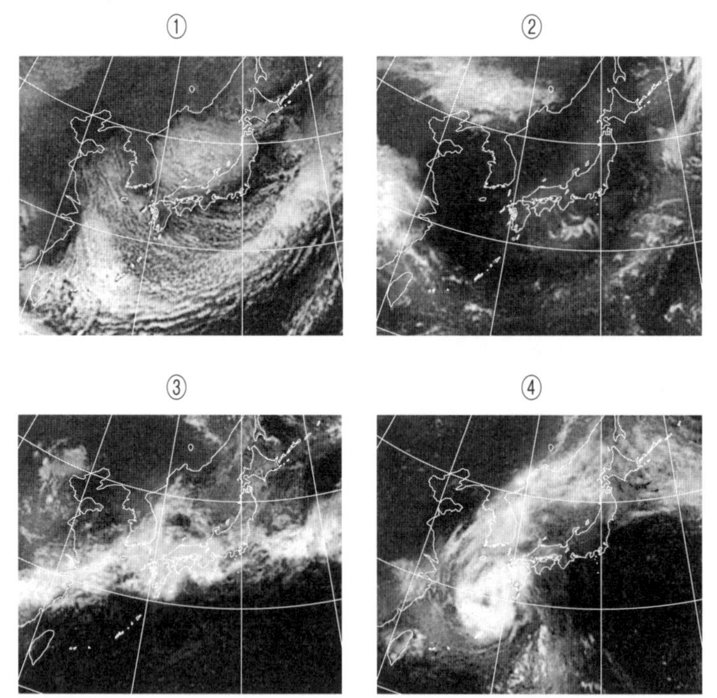

問２　日本周辺の気圧配置について述べた文として誤っているものを，次の①～④のうちから１つ選べ。

① 冬に発達するシベリア高気圧から吹き出した冷たく乾燥した空気は，日本海上で水蒸気を供給され，日本列島の日本海側に降雪をもたらす。

② 春や秋には，西からやってくる移動性高気圧や低気圧にともない気温は寒暖をくり返すが，一般に低気圧が通り過ぎたときに暖かくなる。

③ オホーツク海高気圧は梅雨期によく出現する寒冷な高気圧であり，北日本の太平洋側に寒冷な空気をもたらす。

④ 北太平洋高気圧（太平洋高気圧，小笠原高気圧）は夏によく発達し，日本列島に暖かく湿った空気をもたらす。

解答・解説

問１　③　　問２　②

問１　それぞれの選択肢を確認する。

① 海上にすじ状の雲が見られるため，西高東低の気圧配置となった冬の雲画像である。

② 日本付近には雲がほとんどなく，北太平洋高気圧におおわれた夏の雲画像である。

③ 東西方向にのびる雲は，梅雨前線にともなったものであり，梅雨の雲画像である。

④ 台風が九州に接近しているので，夏から秋にかけての雲画像である。

問２　春や秋に日本列島にやってくる温帯低気圧は，一般に東側には温暖前線，西側には寒冷前線をともなっている。温帯低気圧が西から東へ通り過ぎると，寒冷前線も通り過ぎるため，気温が低下して寒くなる。

17時間目 海　洋

1 海水の塩分

海水には，塩化ナトリウムや塩化マグネシウムなどの塩類が含まれている。海水に含まれる塩類の濃度を**塩分**というんだ。塩分の単位には，‰（パーミル）（千分率）が用いられているんだよ。

はじめて見る単位だね。

海水の塩分は，場所によって多少は変化するけど，1 kg（1000 g）の海水を蒸発させると約 35 g の塩類が得られるから，**約 35 ‰**と表されるんだ。

また，海水中の塩類の組成比は，世界の海のどこでもほぼ一定なんだよ（**表17-1**）。**海水に最も多く含まれている塩類は塩化ナトリウム**で，その次に塩化マグネシウムが多いんだ。

塩　　類	質量%
塩化ナトリウム　NaCl	77.9
塩化マグネシウム　$MgCl_2$	9.6
硫酸マグネシウム　$MgSO_4$	6.1
硫酸カルシウム　$CaSO_4$	4.0
塩化カリウム　KCl	2.1
その他	0.3

▲ 表17-1　海水中の塩類の組成比

ポイント 海水の塩分

▶海水の塩分は約 35 ‰である

2 海洋の層構造

大気が気温の変化をもとにして4つの層(対流圏，成層圏，中間圏，熱圏)に分けられているように，海洋も水温の変化をもとにして3つの層に分けられている(図17-1)。

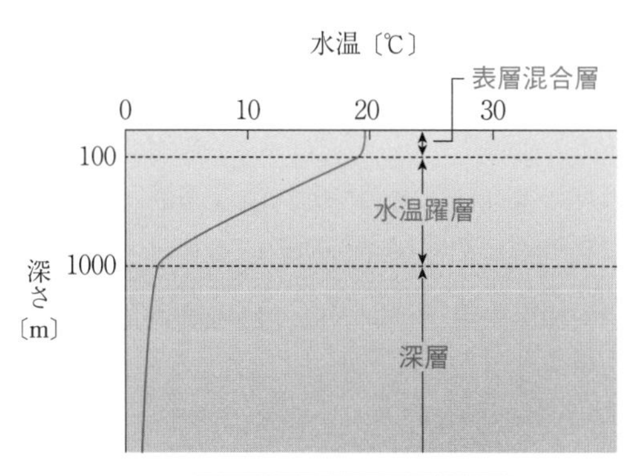

▲ 図17-1　海洋の層構造

海洋の表層は，水温が高く，上下の温度差が小さい層となっていて，この領域を**表層混合層**というんだ。海面付近の海水は，風や波によって上下方向によく混ざっているため，水温が上下方向にほぼ一定となるんだよ。

表層混合層の下には，水温が急激に低下している層があり，この領域を**水温躍層**(すいおんやくそう)(**主水温躍層**(しゅすいおんやくそう))というんだ。冷たくて重い海水が下にあり，暖かくて軽い海水が上にあるから，上下方向の混合は起こりにくいんだよ。

水温躍層の下は**深層**とよばれ，水温が低く，上下の温度差が小さいんだ。海面付近の水温は，季節や場所によって大きく変化するけど，深層の水温は，季節や場所によらずほぼ一定なんだよ。

ポイント 海洋の層構造

表層混合層　水温が高く，上下の温度差が小さい海洋の表層
水温躍層　水温が深さとともに急激に低下する海水の層
深　　層　水温が低く，上下の温度差が小さい海洋の深部

3 海　　流

海面付近におけるほぼ一定方向の海水の流れを**海流**というんだ。海流は海面付近の風によって生じるんだよ。

地球上の風には貿易風や偏西風があったよね。

低緯度では，貿易風によって海水が西向きに流れ，北赤道海流や南赤道海流が形成されているんだ（図17-2）。一方，中緯度では偏西風によって海水が東向きに流れ，北半球の北太平洋海流や北大西洋海流，南半球の南太平洋海流や南大西洋海流などが形成されているんだよ。

低緯度や中緯度の海流の向きは，貿易風や偏西風の向きと対応しているんだね。

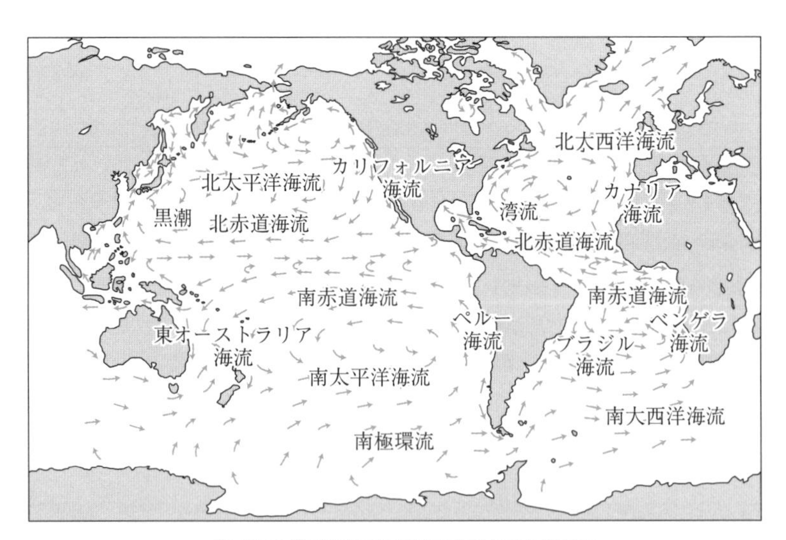

▲ 図17-2　世界の主要な海流（8月）

ここで，北太平洋の海流をよく見てみると，**北赤道海流**は太平洋の西側で**黒潮**となって北上し，**北太平洋海流**は太平洋の東側で**カリフォルニア海流**となって南下しているよね。このように，北太平洋の亜熱帯では海水が時計回りに循環しているんだ(図17-3)。

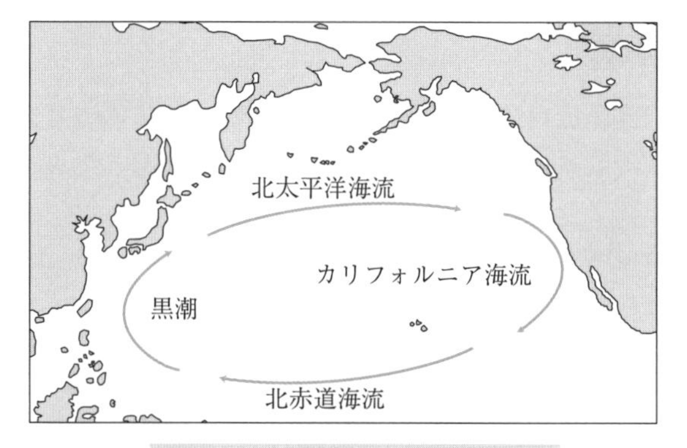

▲ 図17-3　北太平洋の亜熱帯環流

北太平洋だけでなく，南太平洋，北大西洋，南大西洋などでも海水が循環しているよ。

北大西洋では，北赤道海流，湾流，北大西洋海流，カナリア海流が時計回りに循環しているよね。また，南太平洋では，南赤道海流，東オーストラリア海流，南太平洋海流，ペルー海流が反時計回りに循環している。

このように亜熱帯の海域では，海水が**北半球では時計回り，南半球では反時計回りに循環している**んだ，このような海水の流れを**環流**（**亜熱帯環流**）というんだよ。環流は，亜熱帯の海洋を循環しながら，熱を低緯度側から高緯度側へ輸送しているんだ。

ポイント ▶ 海　流

海　流

▶低緯度では貿易風によって東から西へ流れる

▶中緯度では偏西風によって西から東へ流れる

環流（**亜熱帯環流**）

▶北半球の亜熱帯では時計回りに循環する

▶南半球の亜熱帯では反時計回りに循環する

4 深層循環

海水の鉛直方向の流れは，まわりの海水との密度差によって生じる。密度の大きい海水は沈み込み，密度の小さい海水は浮き上がるんだよ。

海水の密度は，どのように決まるの？

海水の密度は，水温と塩分によって決まるんだ。一般に，水温の高い海水は密度が小さくなり，水温の低い海水は密度が大きくなるんだよ。

温度が低いほど密度が大きくなるというのは，大気も海水も同じなんだね。

また，塩分が高い海水は密度が大きくなり，塩分が低い海水は密度が小さくなるんだよ。海水にとけている塩類が多いほど密度が大きくなるはずだよね。

水温が低く，塩分が高い海水は，密度が大きいため，海洋の深部に沈み込んで，海洋の表層と深層を巡る大規模な循環を形成しているんだ（**図17-4**）。このような海水の循環を**深層循環**というんだよ。

深層を流れる海水の大部分は，グリーンランド付近（北大西洋北部）や南極大陸の周囲の海で沈み込んだものなんだ。沈み込んだ海水は，長い時間をかけて世界の海洋を巡り，太平洋やインド洋などで上昇してくるんだよ。

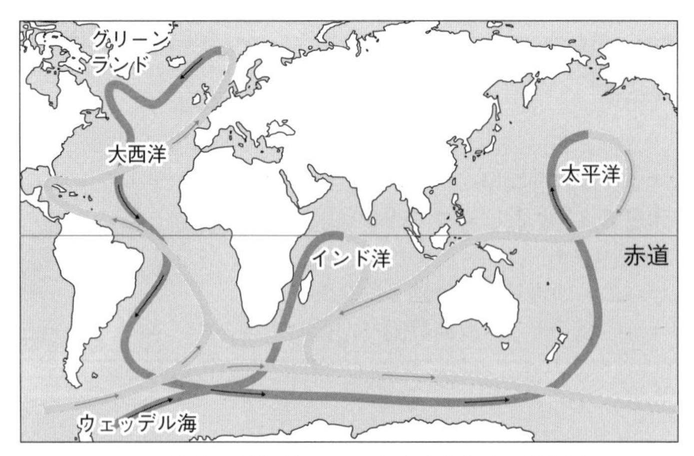

▲ 図17-4　深層循環

なんでグリーンランド付近で海水が沈み込むの？

グリーンランド付近や南極大陸付近の海では，冬季に水温が下がって，海水が凍結することがあるんだ。**氷の中には塩化ナトリウムなどの塩類が入り込めない**という性質があるため，海水が凍結するときには，氷の中に入り込めなかった塩類が，氷の下の海水に蓄積するんだよ。すなわち，氷の下には水温が低く，塩分が高い海水が集まっているんだ。このような密度の大きい海水が深層へと沈み込んでいくんだよ。

海水が凍結しないと，深層への沈みこみは起こらないんだね。

海水の凍結はいつでも起こるわけではないから，深層の海水の流れは，海流と比べるときわめて遅いんだ。グリーンランド付近で沈み込んだ海水が，北太平洋やインド洋などで上昇するまでには，1000～2000年くらいかかると考えられているんだよ。

ポイント 深層循環

- ▶水温が低く，塩分が高いほど，海水の密度は大きくなる
- ▶海水の凍結にともなって密度の大きい海水が形成される
- ▶グリーンランド付近や南極大陸付近で海水は深層へ沈み込む
- ▶深層の海水の流れはきわめて遅い

チェック問題

標準 

海水の循環に関する次の文章を読み，下の問いに答えよ。

外洋の水深数百メートル付近には，深くなるにつれて水温が急激に［ア］する層があり，主水温躍層(水温躍層)と呼ばれる。この層より上の層と下の層では，海水の循環の特徴が大きく異なる。下の層では，［イ］の海面付近から沈み込んだ重い水が地球全体の海洋にゆっくり広がるように流れる。北太平洋における上の層では，次の図に示すように環状の水平方向の流れがあり，この流れはおもに［ウ］のはたらきで引き起こされる。

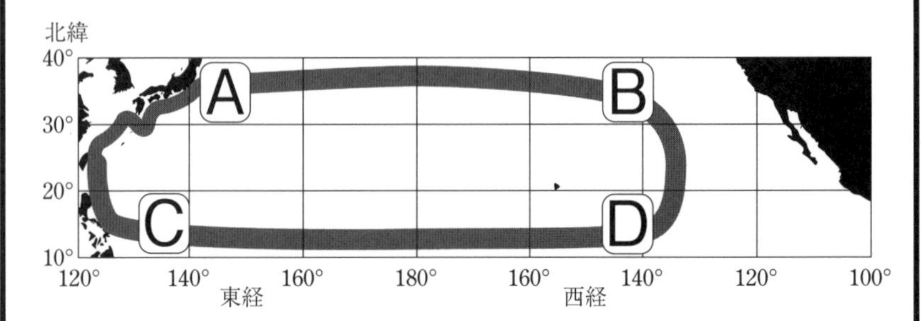

図　北太平洋の亜熱帯環流(環流)の概略図

問１　上の文章中の空欄［ア］～［ウ］に入れる語の組合せとして最も適当なものを，次の①～⑧のうちから１つ選べ。

	ア	イ	ウ
①	低　下	高緯度	風
②	低　下	高緯度	降　水
③	低　下	赤道域	風
④	低　下	赤道域	降　水
⑤	上　昇	高緯度	風
⑥	上　昇	高緯度	降　水
⑦	上　昇	赤道域	風
⑧	上　昇	赤道域	降　水

問2　亜熱帯環流付近の海水は，海面近くで加熱または冷却されながら，環流によって輸送される。図中の北太平洋の海域 A ～ D のうち，海面近くの年平均水温が最も高い海域と最も低い海域の組合せとして最も適当なものを，次の①～⑧のうちから１つ選べ。

	水温が最も高い海域	水温が最も低い海域
①	A	C
②	A	D
③	B	C
④	B	D
⑤	C	A
⑥	C	B
⑦	D	A
⑧	D	B

解答・解説

問1　①　　問2　⑥

問1　ア　外洋の水深数百メートル付近には，深さとともに急激に水温が低下する主水温躍層(水温躍層)がある。これよりも上の層を表層混合層，下の層を深層という。

イ　深層では，高緯度の海域(グリーンランド付近や南極大陸付近)で沈み込んだ海水が，地球全体の海洋に広がるように流れている。

ウ　北太平洋などの亜熱帯環流(環流)は，低緯度の貿易風や中緯度の偏西風によって引き起こされている。

問2　貿易風によって，海水は D から C へ流れる。D－C 間では，海水は太陽放射によって加熱されるので，水温が最も高い海域は C である。また，偏西風によって，海水は A から B へ流れる。A－B 間では，海水は冷却されるので，水温が最も低い海域は B である。

第2章　大気と海洋

18時間目 地球環境

1 エルニーニョ現象

通常時の赤道太平洋では，貿易風が東から西へ吹いているため，海面付近の暖かい海水は，太平洋の西部へ吹き寄せられているんだ（**図18-1**）。このとき，東部では深海から冷たい海水が湧き上がってくるんだよ。そのため，**赤道太平洋の海面水温は，西部で高く，東部で低くなっている**んだ。また，赤道太平洋の西部では，暖められた空気が上昇して積乱雲が発達するため，降水量が多いんだよ。

同じ太平洋の赤道上でも，東部と西部では大きな違いがあるんだね。

〈通常時〉

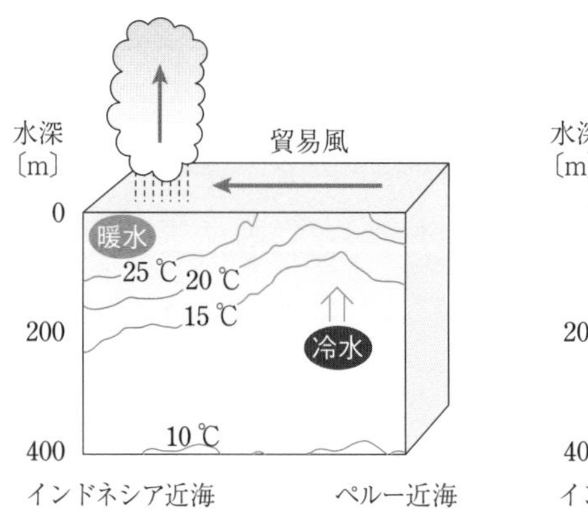

〈エルニーニョ現象**発生時**〉

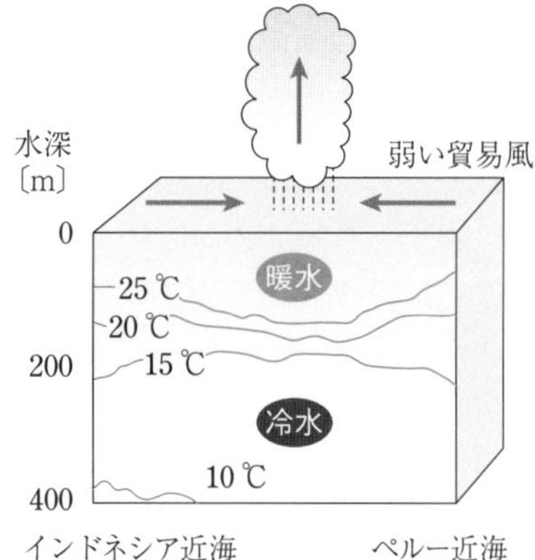

▲ **図18-1**　通常時とエルニーニョ現象発生時の赤道太平洋

数年に一度，赤道付近の貿易風は弱まることがあるんだ（**図18-1**）。貿易風が弱まると，海面付近の海水が西へ運ばれなくなるよね。また，西部の暖かい海水が東へ広がることもあるんだよ。さらに，東部では深海からの冷たい海水の湧き上がりも弱まるんだ。このようにして，赤道太平洋東部に暖かい海水が分布するようになり，赤道太平洋東部の海面水温が通常時よりも上昇することがあるんだよ（**図18-2**）。この現象を**エルニーニョ現象**というんだ。

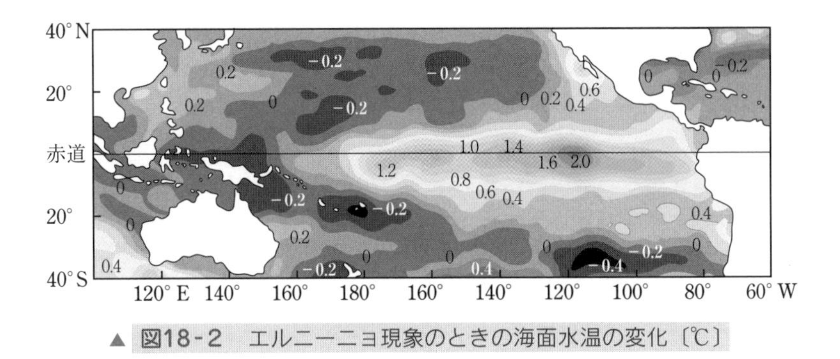

▲ 図18-2　エルニーニョ現象のときの海面水温の変化〔℃〕

エルニーニョ現象発生時には，赤道太平洋の海面水温の高い領域が通常時よりも東へ移るため，暖められた空気が上昇して積乱雲が発達する場所も東へ移るんだ。そのため，雨の降る場所も変化して，異常気象となることもあるんだよ。

エルニーニョ現象が発生すると，日本では，夏に北太平洋高気圧が弱まって，梅雨明けが遅れたり，平均気温が下がったりする。また，冬に北西の季節風が弱まって，平均気温が高くなる傾向があるんだよ。

エルニーニョ現象とは逆に，数年に一度，赤道太平洋東部の海面水温が通常時よりも低下することがある。この現象を**ラニーニャ現象**というんだ。ラニーニャ現象発生時には，赤道太平洋の貿易風が通常時よりも強まり，東部では深海からの冷たい海水の湧き上がりも強まるんだよ。このとき，日本では暑い夏や寒い冬になる傾向があるんだ。

ポイント　エルニーニョ現象とラニーニャ現象

エルニーニョ現象
- ▶赤道太平洋東部の海面水温が通常時よりも上昇する
- ▶貿易風や東部での冷たい海水の湧き上がりが弱まる

ラニーニャ現象
- ▶赤道太平洋東部の海面水温が通常時よりも低下する
- ▶貿易風や東部での冷たい海水の湧き上がりが強まる

2 地球温暖化

18世紀後半の産業革命以降，人間活動によって石炭が消費されるようになり，20世紀には，石油や石炭の消費量が急激に増加したんだ。**石油や石炭などの化石燃料を消費すると二酸化炭素が発生する**んだよ。そのため，大気中の二酸化炭素の濃度は，年々増加しているんだ(図18-3)。

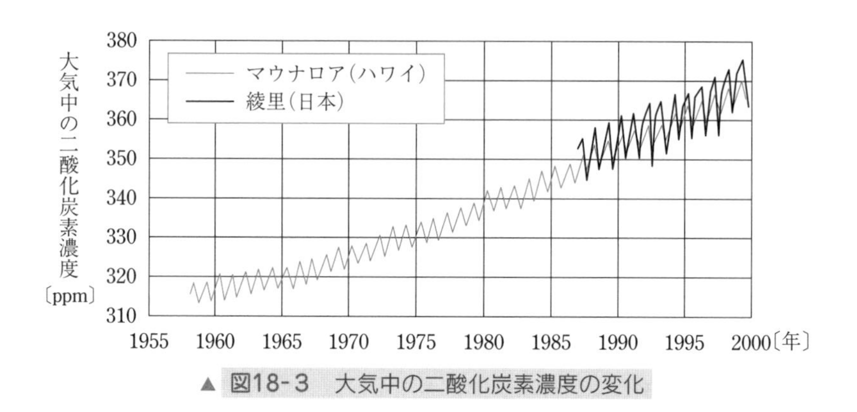

▲ 図18-3 大気中の二酸化炭素濃度の変化

図18-3において，濃度の単位のppmは百万分率という割合を表すんだよ。%(百分率)とは1万倍の違いがあるから，たとえば，二酸化炭素濃度が400 ppmであれば，0.04 %ということもできるんだ。

日本やマウナロアでは，二酸化炭素濃度が増えたり減ったりしてるけど，どうしてなの？

大気中の二酸化炭素濃度は，植物の光合成によって変動するんだよ。夏には植物が葉を広げるから，光合成によって大気中の二酸化炭素が植物に吸収されるよね。そのため，大気中の二酸化炭素濃度は，夏に減少し，秋に極小となるんだ。

だけど冬になると，植物が葉を落として光合成ができなくなるよね。そのため，大気中の二酸化炭素濃度は，冬に増加し，春に極大となるんだ。このようにして，日本では大気中の二酸化炭素濃度に1年周期の変動が生じているんだよ。

大気中の二酸化炭素には，地表が放射する赤外線を吸収して，そのエネルギーの一部を再び赤外線として地表に向けて放射し，地表付近を暖めるはたらき(温室効果)があるんだったよね。つまり，**大気中の二酸化炭素が増加すると，温室効果が強まって，世界の平均気温が上昇する**と考えられるんだ。このような平均気温の上昇を**地球温暖化**というんだよ。

実際に世界の平均気温は，二酸化炭素濃度とともに上昇しているんだ(図18-4)。最近の 100 年間で平均気温は約 0.7 ℃上昇したんだよ。

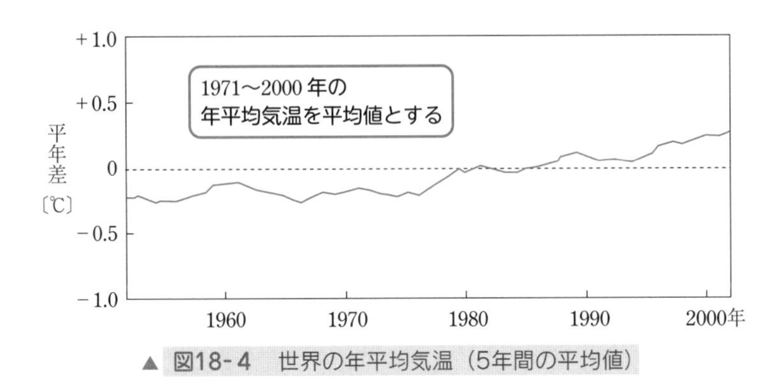

▲ 図18-4　世界の年平均気温（5年間の平均値）

ある現象が起こったときに，その現象を増幅させるはたらきを正のフィードバックといい，その現象を減衰させるはたらきを負のフィードバックというんだ。

たとえば，極域の氷には太陽光を反射するという性質があるから，地球温暖化によって極域の氷が融解すると，地球が受けとる太陽放射エネルギーが増加して，さらに地球温暖化が進行すると考えられる。すなわち，極域の氷の融解は，地球温暖化に対して，正のフィードバックとしてはたらくんだよ。このように，地球環境の変化にはさまざまな要因が複雑に関係しているんだ。

ポイント ▶ 地球温暖化

- ▶化石燃料の使用により，大気中の二酸化炭素濃度が増加する
- ▶温室効果が強まり，世界の平均気温が上昇する

3 オゾン層の破壊

人間活動によって作られたフロン(塩素，フッ素，炭素などの化合物)は，成層圏で太陽からの紫外線によって分解し，塩素原子を放出するんだ。この**塩素原子(Cl)が成層圏のオゾン(O_3)と化学反応を起こして，オゾンを破壊する**んだよ。

$$\underset{\text{オゾン}}{O_3} + \underset{\text{塩素原子}}{Cl} \longrightarrow \underset{\text{酸素}}{O_2} + \underset{\text{一酸化塩素}}{ClO}$$

反応後にオゾン(O_3)がなくなっている

オゾンは，生物に有害な太陽からの紫外線を吸収するはたらきがある。成層圏のオゾン層が破壊されると，地表に届く紫外線が強まって，生物への影響が心配されているんだよ。

1980年代以降，9月～10月(南半球の春)の南極上空にオゾンの濃度が極端に低い領域が現れるようになったんだ(**図18-5**)。この領域を**オゾンホール**というんだよ。

冬の極域の成層圏では塩素分子(Cl_2)が生成されて蓄積し，春に太陽からの紫外線によって塩素分子が分解して塩素原子(Cl)ができるんだ。この塩素原子が南極上空のオゾンを破壊して，オゾンホールができるんだよ。

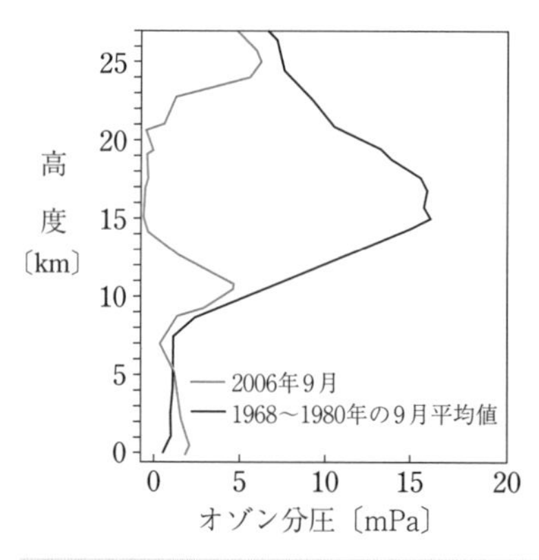

▲ **図18-5** 南極昭和基地上空のオゾンの量

ポイント オゾン層の破壊

- フロンから分離した塩素原子が，オゾン層を破壊する
- 春の南極上空にオゾンホールが形成される

4 酸性雨

化石燃料の燃焼によって放出された硫黄酸化物や自動車の排気ガスに含まれる窒素酸化物は，大気中での化学反応によって，それぞれ硫酸と硝酸になるんだ。これらが雨水に取り込まれると，通常よりも強い酸性を示す雨となるんだよ(図18-6)。このような雨を**酸性雨**というんだ。

日本でも全国的に酸性雨が降っているんだよね。

▲ 図18-6　酸性雨のメカニズム

酸性雨が降ると，コンクリートの建造物に被害を与えたり，土壌や湖沼を酸性化して生態系に影響を及ぼしたりするんだ。酸性雨の原因物質は，風によって遠方にも運ばれるので，酸性雨の被害は国際的な問題となっているんだよ。

ポイント 酸性雨

- 大気中に放出された**硫黄酸化物**や**窒素酸化物**が，硫酸や硝酸になる
- 硫酸や硝酸が雨水にとけ込んで，強い酸性の雨が降る

チェック問題　標準　5分

太平洋赤道域における海洋と風に関する次の文章を読み，下の問いに答えよ。

次の図1は，太平洋低緯度域の地図である。赤道域では，海面水温が高い地域ほど相対的に海面気圧が低くなる傾向があり，東西の水温差が大きいほど海上で[ア]に向かう風が吹きやすい。

図1中の太枠で示した海域の海面水温の分布を下の図2に示す。図2a，bのうち，[イ]は貿易風の強さが変化して顕著なエルニーニョ(エル・ニーニョ)現象が発生したときの図，他方は平年(通常年)の図である。どちらの図でも海面水温は西部より東部のほうが低いが，東西の水温差は異なる。

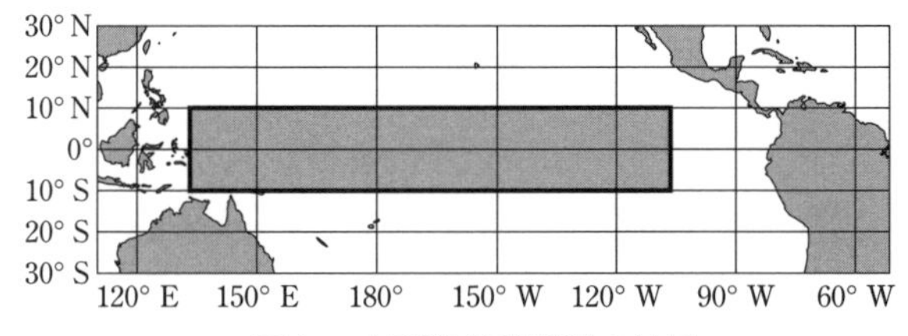

図1　太平洋低緯度域の地図

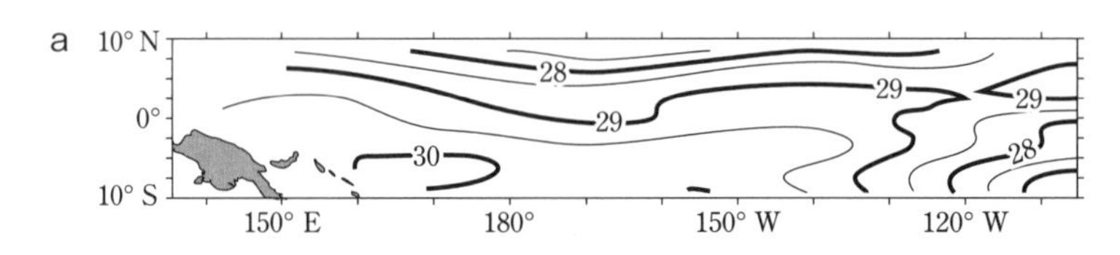

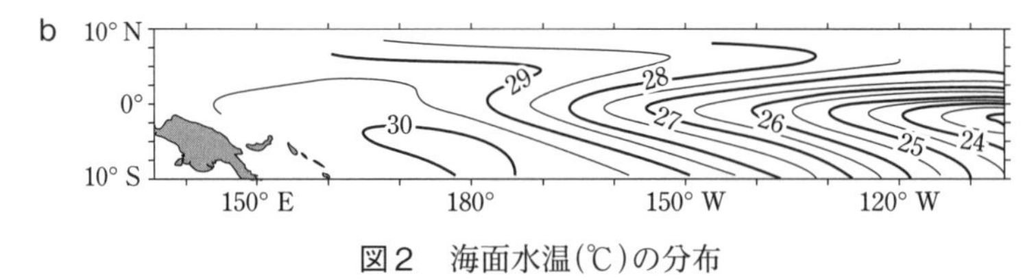

図2　海面水温(℃)の分布

問１　前ページの文章中の空欄［ア］・［イ］に入れる語句と記号の組合せとして最も適当なものを，次の①～④のうちから１つ選べ。

	ア	イ
①	低温域から高温域	a
②	低温域から高温域	b
③	高温域から低温域	a
④	高温域から低温域	b

問２　エルニーニョ(エル・ニーニョ)現象が発生しているときには，貿易風の強さと太平洋赤道域西部の表層の暖かい水の厚さが平年より変化している。この変化について述べた文として最も適当なものを，次の①～④のうちから１つ選べ。

① 貿易風は強く，暖かい水の厚さは薄くなっている。
② 貿易風は強く，暖かい水の厚さは厚くなっている。
③ 貿易風は弱く，暖かい水の厚さは薄くなっている。
④ 貿易風は弱く，暖かい水の厚さは厚くなっている。

解答・解説

問１　①　　問２　③

問１　［ア］　赤道域では，海面水温が高い地域ほど上昇気流が卓越して，海面気圧は低くなる。また，風は気圧の高いほうから低いほうへ吹く。すなわち，海上の風は海面水温の低温域から高温域へ吹く。

［イ］　エルニーニョ現象は，太平洋赤道域東部の海面水温が平年(通常年)よりも高くなる現象である。図のａはｂよりも太平洋赤道域東部の海面水温が高くなっている。よって，エルニーニョ現象が発生したときの図はａである。

問２　平年の太平洋赤道域西部では，貿易風によって赤道域の暖かい海水が運ばれてくるため，表層の暖かい水の層は厚くなっている。ところが，エルニーニョ現象が発生しているときには，貿易風が弱まっているため，太平洋赤道域西部の暖かい海水は東へ広がる。すなわち，太平洋赤道域西部の表層の暖かい水の層は薄くなる。

19時間目 宇宙の誕生

1 ビッグバンと元素の合成

宇宙は今から約138億年前に誕生した。誕生直後の宇宙は，すべての物質が1点に集まった高密度で超高温の状態であり，そこから急激に膨張したと考えられているんだ。宇宙が高密度で超高温の状態から急激に膨張することを**ビッグバン**というんだよ。

宇宙誕生の10万分の1秒後には，宇宙の温度が約1兆Kになり，大量の素粒子（物質を構成する最小の粒子）から陽子（水素原子核）と中性子ができたんだ。宇宙には電子が飛びまわっていたため，光は電子と衝突して直進できなかったんだよ（図19-1）。

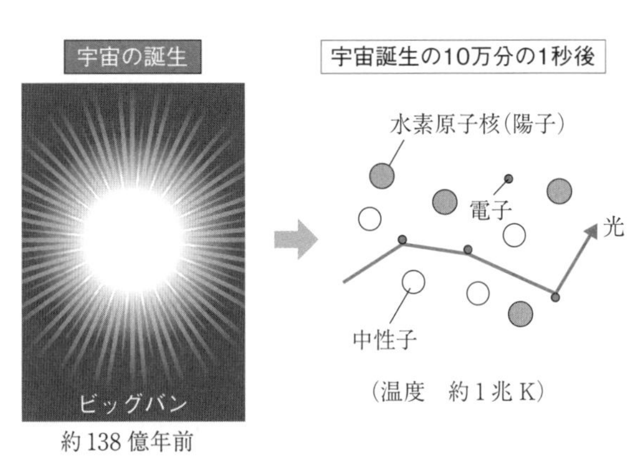

▲ 図19-1　宇宙の誕生

宇宙誕生の約3分後には，宇宙の温度は約10億Kに下がった。**宇宙は膨張しながら，温度と密度が低下していく**んだよ。このとき，陽子と中性子が結合して，陽子2個と中性子2個からなる**ヘリウム原子核**が形成されたんだ。このときの宇宙に存在する原子核の数の割合は，水素原子核（陽子）が約93％，ヘリウム原子核が約7％であったんだよ。この後も光は電子と衝突して直進できなかったんだ（図19-2）。

宇宙誕生の約 38 万年後には，宇宙の温度は約 3000 K に下がった。このとき，水素原子核(陽子)と電子が結合して**水素原子**となり，ヘリウム原子核と電子が結合して**ヘリウム原子**となったんだ。電子が原子核と結合することによって，宇宙には自由に運動する電子が少なくなったため，光が直進できるようになったんだよ(**図19-2**)。この現象を**宇宙の晴れ上がり**というんだ。

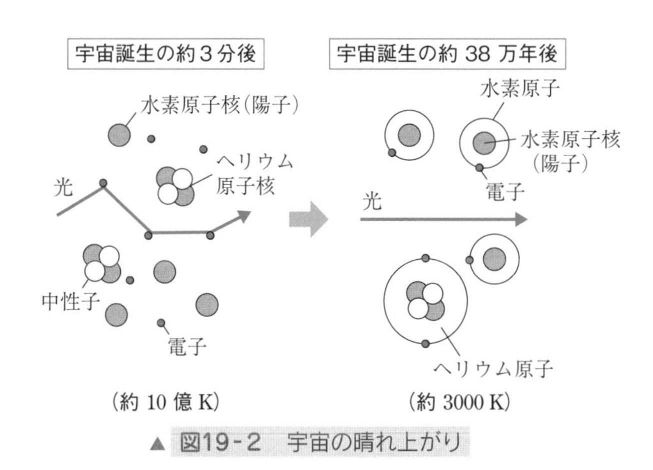

▲ 図19-2　宇宙の晴れ上がり

参考　絶対温度

温度が高くなると，原子や分子の熱運動が激しくなる。原子や分子の熱運動のエネルギーが 0 になる温度を 0 K として定めた温度を**絶対温度**というんだ。絶対温度の単位には K(ケルビン)を用いるんだよ。一般に，宇宙や天体の温度は絶対温度で表すんだ。

私たちが日常使用している温度はセルシウス温度といい，単位には ℃ を用いるよね。絶対温度 T〔K〕とセルシウス温度 t〔℃〕には次の関係が成り立つんだ。

$$T = t + 273.15$$

宇宙の晴れ上がりの後も，宇宙は膨張を続け，現在の宇宙になったと考えられている。**図19-3**は，宇宙が時間とともに膨張していることを示したものだよ。宇宙誕生の数億年後には，最初の恒星が誕生したんだ。

図の断面が宇宙の広さを表しているんだね。

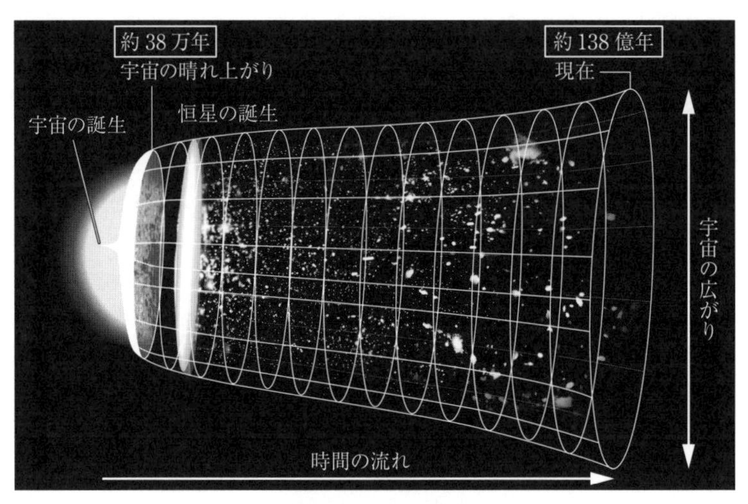

▲ 図19-3　宇宙の進化

ポイント 宇宙の誕生

ビッグバン

▶宇宙は約 138 億年前に膨張を始めた

元素の合成

▶宇宙誕生の約 3 分後にヘリウム原子核が形成された

▶宇宙誕生の約 38 万年後に水素原子とヘリウム原子が形成された

宇宙の晴れ上がり

▶宇宙誕生の約 38 万年後に光が直進できるようになった現象

参考 原子の構造

原子は，原子核とそのまわりを回る電子で構成されているんだ。原子核は正の電気をもつ陽子と電気をもたない中性子でできていて，電子は負の電気をもっているんだよ。

水素原子核は 1 個の陽子でできていて，水素原子は 1 個の陽子と 1 個の電子でできているんだ(図19-4)。また，ヘリウム原子核は 2 個の陽子と 2 個の中性子でできていて，ヘリウム原子は 2 個の陽子，2 個の中性子，2 個の電子でできているんだよ。原子と原子核は異なるものだから注意しよう。

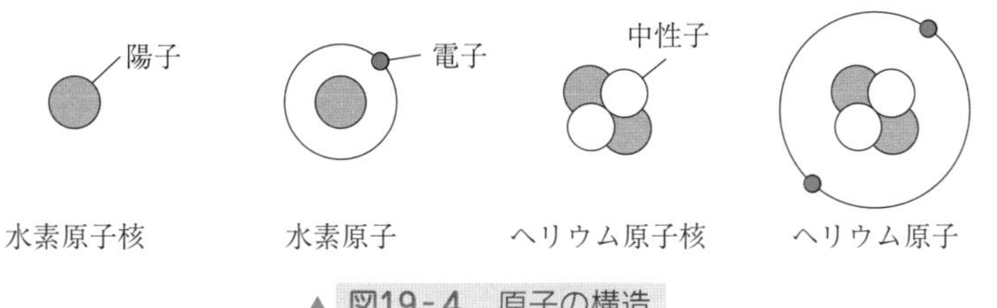

▲ 図19-4 原子の構造

参考 1光年

光の速さは約 3.0×10^5 km/s である。光が 1 年間に進む距離(約 9.46×10^{12} km)を **1 光年**というんだ。宇宙では，距離の単位に光年を用いることが多いんだよ。

地球から 8.6 光年離れたところに，おおいぬ座のシリウスがある。シリウスからの光は 8.6 年かけて地球に到達するため，シリウスを見るということは，8.6 年前のシリウスを見ていることになるんだ。つまり，遠い天体を観測すると，古い宇宙の姿を知ることができるんだよ。

2 銀河系

数百億〜1兆個の恒星の集団を**銀河**という(**図19-5**)。現在の宇宙には数えきれないほど多くの銀河が存在しているんだよ。

M101(渦巻き銀河)

NGC1300(棒渦巻き銀河)

▲ 図19-5 銀 河

太陽を含む約2000億個の恒星の集団は**銀河系**(**天の川銀河**)とよばれているんだ。銀河系は，宇宙にたくさんある銀河のうちの1つなんだよ。

半径が約1万光年の銀河系中央の膨らんだ領域を**バルジ**といい，そのまわりを取り巻く半径が約5万光年の円盤状の領域を**円盤部**(**ディスク**)というんだよ(**図19-6**)。銀河系の多くの恒星は，バルジや円盤部に集まっているんだ。太陽は，銀河の中心から約2万8000光年離れた円盤部にあるんだよ。また，銀河系全体をつつむ半径約7万5000光年の球状の領域を**ハロー**というんだ。

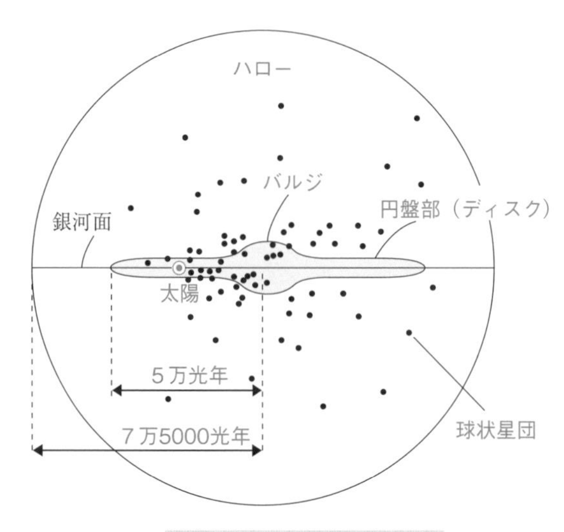

▲ 図19-6 銀河系の断面図

夜空を眺めると，恒星が帯状に集まっている領域があり，これを**天の川**という。恒星は銀河系の円盤部に多く分布し，地球も円盤部の中にあるので，地球から円盤部が広がっている方向を見ると，多くの恒星が見えるはずだよね。天の川として見える恒星は，円盤部に分布している恒星なんだよ。

銀河系には，**星団**とよばれる恒星の集団がある。まばらに分布した数百個の恒星の集団を**散開星団**，球状に密集した数百万個の恒星の集団を**球状星団**というんだ(**図19-7**)。散開星団は若い星の集まりで，銀河系の円盤部に分布している。また，球状星団は年老いた星の集まりで，銀河系のハローに分布しているんだよ。

〈散開星団〉
おうし座M45（プレアデス星団）

〈球状星団〉
りょうけん座M 3

▲ 図19-7　散開星団と球状星団

ポイント ▶ 銀河系の構造

バルジ▶半径が約 1 万光年の銀河系中央の膨らんだ領域
円盤部▶半径が約 5 万光年で，多くの恒星が分布する
ハロー▶半径が約 7 万 5000 光年で，球状星団が分布する

散開星団と球状星団

散開星団▶若い恒星の集まりで，銀河系の円盤部に分布する
球状星団▶年老いた恒星の集まりで，ハローに分布する

チェック問題

宇宙の進化と銀河系に関する次の問いに答えよ。

問1　宇宙の進化について述べた文として最も適当なものを，次の①～④のうちから1つ選べ。

① 宇宙の誕生から約3秒後までに，水素とヘリウムの原子核がつくられた。

② 宇宙の誕生から約38万年後に，水素の原子核が電子と結合した。

③ 宇宙の誕生から約45億年後に，最初の恒星が誕生した。

④ 宇宙の誕生から現在までに，約318億年経過した。

問2　次の文章中の［ア］・［イ］に入れる数値と語句の組合せとして最も適当なものを，後の①～④のうちから1つ選べ。

銀河系の円盤部は直径が［ア］光年ほどで，太陽系は円盤部の中に位置しており，地球からは円盤部の星々が帯状の天の川として見える。M31はアンドロメダ銀河とも呼ばれる銀河で，地球からは天の川と異なる方向に見える。図は銀河系を真横から見た断面の模式図で，銀河系の中心とM31の中心はこの断面を含む面内にある。この図においてM31の方向は［イ］である。

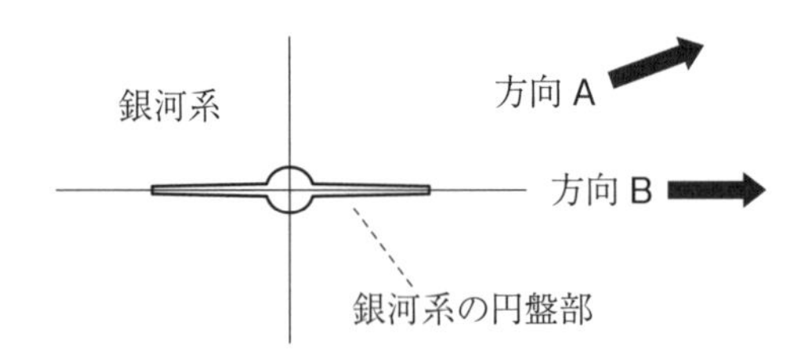

図　銀河系の断面の模式図

銀河系から見たM31の方向は，方向Aまたは方向Bである。

	ア	イ
①	100 万	方向 A
②	100 万	方向 B
③	10 万	方向 A
④	10 万	方向 B

解答・解説

問1 ②　問2 ③

問1 それぞれの選択肢を確認する。

① 水素の原子核(陽子)は，宇宙誕生の約 10 万分の 1 秒後に形成されたが，ヘリウムの原子核は，宇宙誕生の約 3 分後に形成された。すなわち，宇宙誕生の 3 秒後には，水素の原子核は形成されていたが，ヘリウムの原子核は形成されていない。

② 正しい文である。宇宙誕生の約 38 万年後には，水素の原子核と電子が結合して水素原子が形成された。

③ 最初の恒星は，宇宙誕生の数億年後に誕生した。

④ 宇宙の誕生から現在までに，約 138 億年経過した。

問2 [ア] 銀河系の円盤部の直径は，約 10 万光年である。

[イ] 太陽系は銀河系の円盤部の中にあり，円盤部には多くの恒星が存在するため，地球から方向Bを見ると，多くの恒星が天の川として見える。問題文に，M31(アンドロメダ銀河)は天の川と異なる方向に見えることが記載されているので，M31の方向は方向Aである。

20 時間目 太陽の誕生

1 太陽の誕生

恒星と恒星の間の空間に存在する物質を**星間物質**というんだ。星間物質は，水素やヘリウムからなる**星間ガス**と固体微粒子からなる**星間塵**に分けられるんだよ。

星間物質や恒星の元素組成（原子数の割合）は，宇宙の平均的な元素組成とほぼ等しいんだ。現在の宇宙の元素組成（原子数の割合）は，水素が約 92 ％，ヘリウムが約 8 ％を占める。つまり，星間物質の主成分は水素になるんだよ。

宇宙誕生直後に水素とヘリウムができたから，宇宙には水素とヘリウムが多いんだね。

星間物質は，宇宙空間に一様に分布しているのではなく，所々で濃い雲のように集まっている。星間物質が周囲よりも集まっている部分を**星間雲**というんだ。

星間雲は恒星のようにみずから光を出して輝いているわけではないから，一般に見ることができない。だけど，**星間雲の近くに明るい恒星があると，恒星からの光が当たっている部分は輝いて見える**んだよ。このような星間雲を**散光星雲**というんだ。オリオン座の方向に，地球から約 1500 光年離れたところには，**オリオン大星雲**とよばれる散光星雲があるんだよ（**図20－１**）。

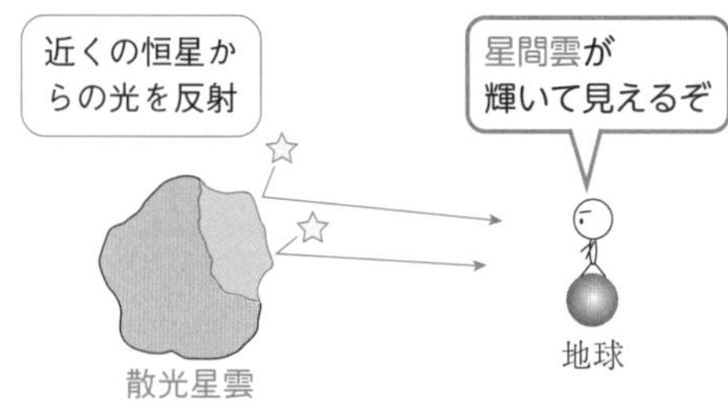

▲ 図20－１　散光星雲（オリオン大星雲）

また，星間雲には恒星からの光を遮（さえぎ）る性質があるため，恒星と地球の間に星間雲があれば，恒星からの光は地球に到達しなくなるよね。

この状況を地球から見ると，まわりは恒星の光で明るく見えるのに，**星間雲のあるところだけが暗く見える**んだよ。このようにして見える星間雲を**暗黒星雲**というんだ。オリオン座には，**馬頭星雲**とよばれる暗黒星雲があるんだよ(図20-2)。

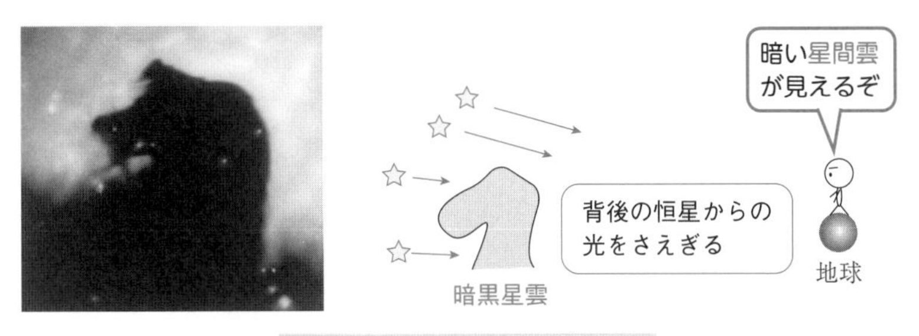

▲ 図20-2　暗黒星雲(馬頭星雲)

星間雲の中の密度が大きい部分で，星間物質が重力によって収縮すると，温度が上昇して輝き始める。この段階の星を**原始星**というんだ。原始星のまわりには，残りの星間物質が円盤状に取り巻いているため、外側から見ることはできないんだよ。原始星のまわりの円盤は**原始惑星系円盤**というんだ。

太陽も今から約46億年前に，星間物質が集まって誕生したんだ。原始星の段階にある太陽を**原始太陽**というんだよ。

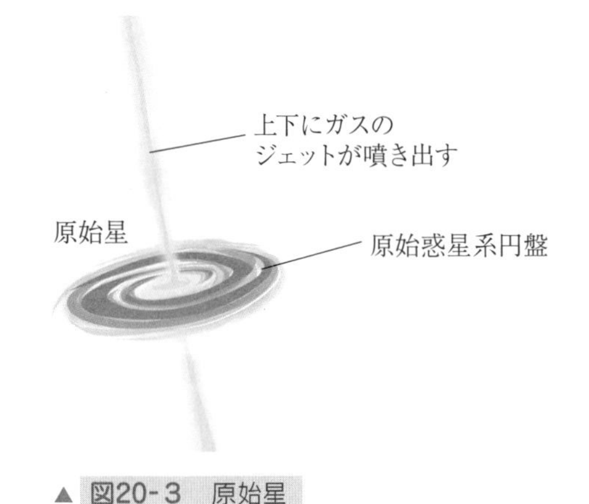

▲ 図20-3　原始星

2 現在の太陽

太陽の元素組成(原子数の割合)は，宇宙の元素組成とほぼ等しく，水素が約92 %，ヘリウムが約 8 %を占める(図20-4)。太陽には炭素や酸素なども含まれているけど，水素とヘリウム以外の元素はすべて合わせても約 0.1 %しかないんだ。

星間物質の主成分が水素だから，それが集まってできた太陽の主成分も水素なんだね。

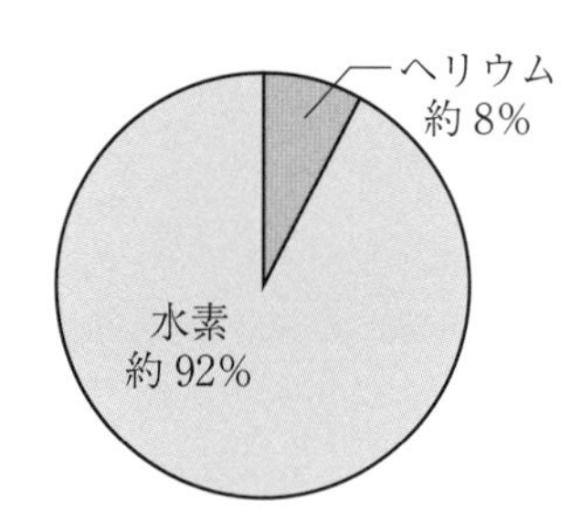

▲ 図20-4　太陽の元素組成

原始星の収縮によって内部の温度が上昇し，中心部の温度が 1000 万 K を超えると，中心部で水素の**核融合反応**が始まる。核融合反応は，軽い原子核どうしが融合して，重い原子核ができる反応だよ。

原子核が別の原子核に変わることがあるんだね。

太陽の中心部の温度は約 1600 万 K であり，圧力も非常に高い。太陽の中心部で起こる核融合反応では，**4 個の水素原子核から 1 個のヘリウム原子核ができる**んだ(図20-5)。

1 個のヘリウム原子核の質量は，4 個の水素原子核の質量よりもわずかに小さいので，この核融合反応では質量が失われることになるんだ。そして，失われた質量がエネルギーとなって，太陽の中心部から放出されているんだよ。やがて，そのエネルギーが太陽の表面まで運ばれるため，太陽は表面から可視光線などの電磁波を宇宙へ放射することができるんだ。

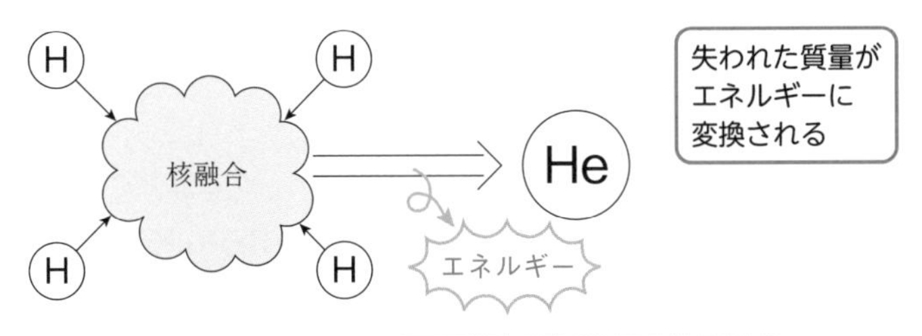

▲ 図20-5　太陽の中心部で起こる核融合反応

太陽のように，中心部で水素の核融合反応が起こっている段階の恒星を**主系列星**というんだ。主系列星は，収縮しようとする重力と膨張しようとする圧力がつり合って安定した状態にあるんだよ。太陽が主系列星である期間は，約100億年と推定されているんだ。

ポイント ▶ 現在の太陽

太陽の元素組成 ▶ 水素(約92％)，ヘリウム(約8％)
太陽のエネルギー源 ▶ 中心部で起こる水素の核融合反応によってエネルギーをつくる

参考　恒星の明るさ

太陽のように核融合反応によってみずからエネルギーをつくり，輝いている天体を**恒星**という。恒星の明るさは**等級**で表されるんだよ。等級は小さいほど明るく，大きいほど暗くなるんだ。

また，**等級は5等級小さくなると，明るさが100倍になる**ように定められているんだ。たとえば，1等星は6等星より等級が5等級小さいから，明るさは100倍になるんだよ。$100 \fallingdotseq 2.5^5$であるから，**1等級小さくなると明るさは約2.5倍になる**んだ。

3 太陽の概観

太陽は，半径が約 70 万 km，質量が 2×10^{30} kg の恒星なんだ。地球と比べると，半径は約 109 倍，質量は約 33 万倍もあるんだよ。

太陽の表面は輝いて見えるよね。光を出している太陽表面の大気の層を**光球**というんだ。**光球の温度(太陽の表面温度)は約 5800 K** なんだよ。光球は中心部が明るく見え，周辺部は暗く見えるんだ。この現象を**周辺減光**というんだよ(図20-6)。

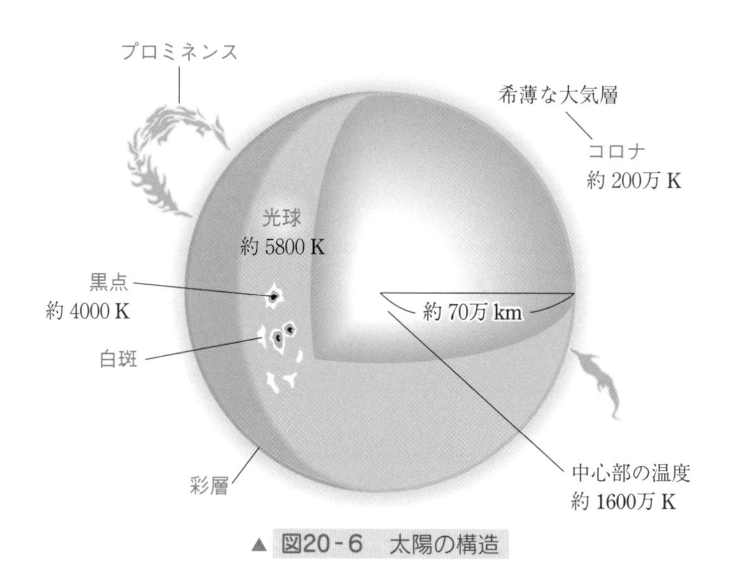

▲ 図20-6 太陽の構造

光球の外側は太陽の大気とよばれる領域で，光球からの光が強くて，ふだんは見ることができないけど，**皆既日食**のときには観測できるんだ。

図20-7のように，太陽が月に隠れて見えなくなることだよ。このとき，光球からの強い光が月に遮られるため，光球の外側を観測することができるんだ。

皆既日食のときには，光球の外側に赤色の薄い大気の層が見える。これを**彩層**というんだよ。彩層の外側には，真珠色に輝いて見える希薄な大気が広がっていて，これを**コロナ**というんだ(**図20-8**)。コロナの温度は約200万Kもあるんだよ。また，コロナに浮いているガスが炎のように見えることもある。これを**プロミネンス**(**紅炎**)というんだ。プロミネンスの温度は約1万Kだよ。

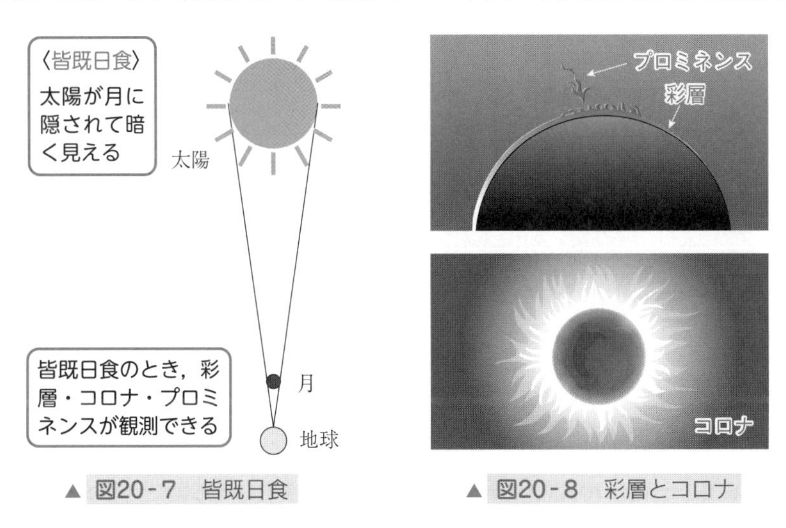

▲ 図20-7　皆既日食

▲ 図20-8　彩層とコロナ

コロナは高温であるため，水素やヘリウムの原子が，プラスの電気をもつイオンとマイナスの電気をもつ電子に電離しているんだ。このような電気を帯びた粒子(荷電粒子)が，高速で宇宙に流れ出たものを**太陽風**というんだよ。

ポイント ▶ 太陽の大気

彩　層 ▶ 光球の外側に見える赤色の薄い大気の層
コロナ ▶ 彩層の外側に広がった真珠色の希薄な大気
プロミネンス ▶ コロナに浮いているガス
太陽風 ▶ コロナから吹き出している電気を帯びた粒子の流れ

4 太陽の表面

光球(太陽表面)を観測すると，**黒点**とよばれる暗い斑点が見られることがある。黒点中央の特に暗い部分を暗部，それを取り囲むやや明るい部分を半暗部というんだ(図20-9)。

黒点の温度は約 4000 ～ 4500 K で，周囲の光球よりも温度が低いから暗く見えるんだよ。黒点は磁場が強く，その下では高温のガスの流れが妨げられるため，温度が低くなっていると考えられているんだ。

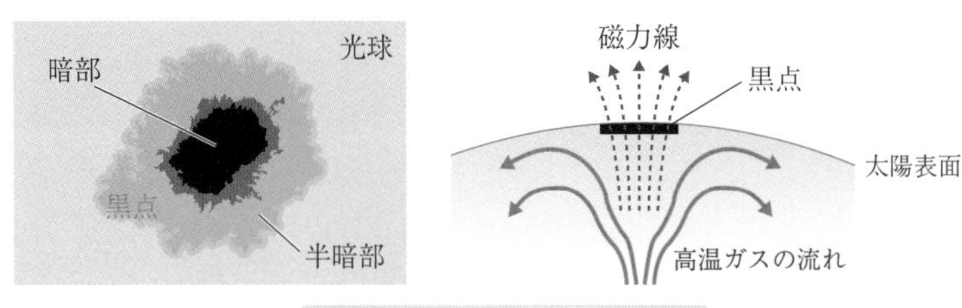

▲ 図20-9　太陽の黒点と磁場

光球には**白斑**とよばれる白く輝く明るい斑点が現れることもある。**白斑の温度は約 6000 ～ 6500 K で，周囲の光球よりも温度が高い**から明るく見えるんだよ。

温度が高い部分は明るく，温度が低い部分は暗く見えるんだね。

また，光球の全面には**粒状斑**(図20-10)とよばれる細かいつぶ状の模様が見られるんだ。粒状斑は，高温のガスが上昇して，冷えたガスが沈んでいくような対流の渦が模様となって見えているんだよ。

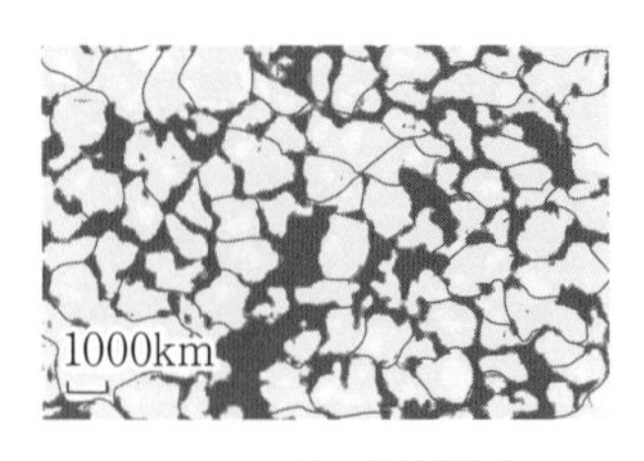

▲ 図20-10　粒状斑

太陽は，惑星の公転方向(地球の北極側から見ると反時計回り)と同じ方向に自転している。太陽の黒点を観測すると，**太陽が自転しているため，黒点が移動しているように見える**んだ(図20-11)。黒点が移動する速さから，太陽の自転周期がわかるんだよ。

地球から見た太陽の自転周期は場所によって異なり，赤道では約27日，高緯度では約30日となっているんだ。すなわち，自転速度は赤道で速く，高緯度で遅くなっているんだよ。このように，緯度によって自転速度が異なるのは，太陽表面が固体ではなく，ガスでできているからなんだ。

地球の表面は固体だから，地球では場所によらず自転周期が一定になるんだね。

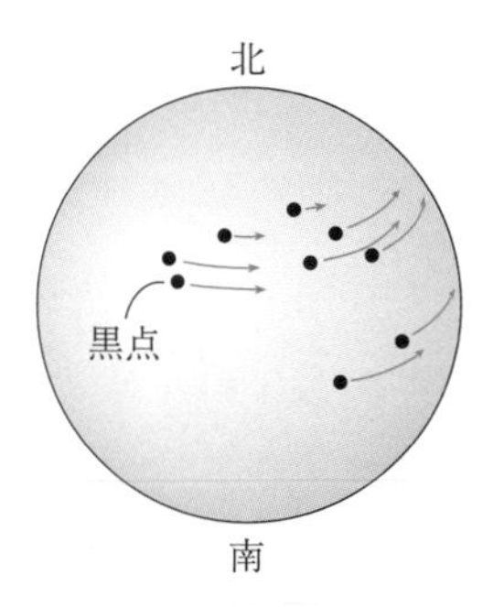

▲ 図20-11　太陽の自転と黒点の移動

ポイント ▶ 太陽の表面

- 黒　点 ▶ 周囲よりも温度が低い暗い斑点（約4000～4500 K）
- 白　斑 ▶ 周囲よりも温度が高い明るい斑点（約6000～6500 K）
- 粒状斑 ▶ ガスの対流によってできた模様

チェック問題

太陽に関する次の問いに答えよ。

問1　太陽の表面と外層の構造に関する写真の説明文として誤っているものを，次の①～④のうちから１つ選べ。

①
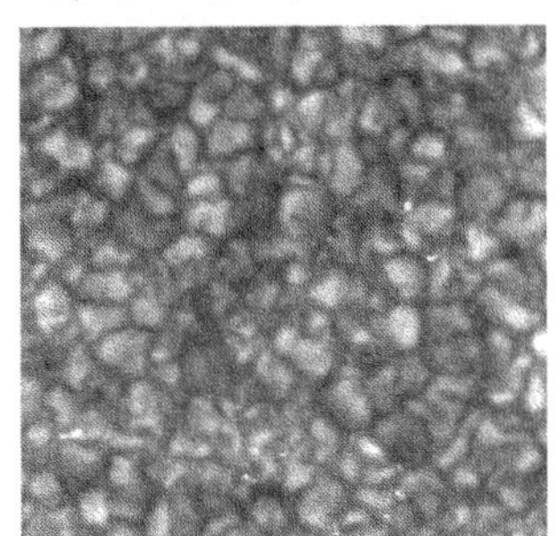
太陽内部の対流によってつくられる太陽表面の構造である。

②
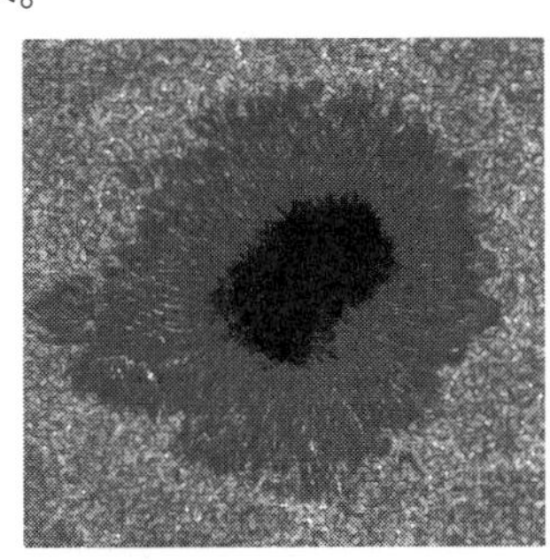
周りより温度が高いため黒く見える太陽表面の構造である。

③
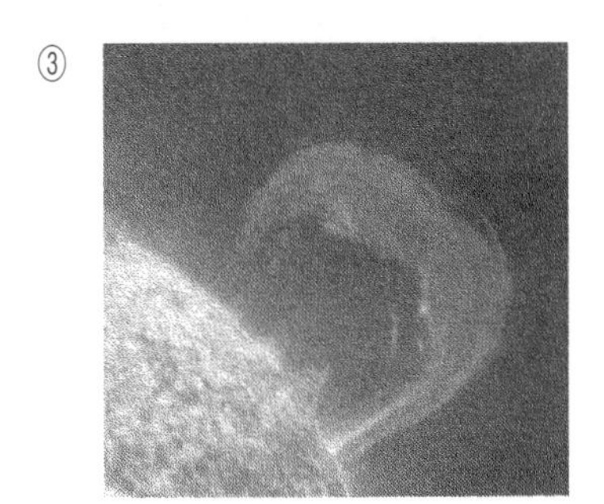
光球の外側にガスが噴出した巨大な構造である。

④
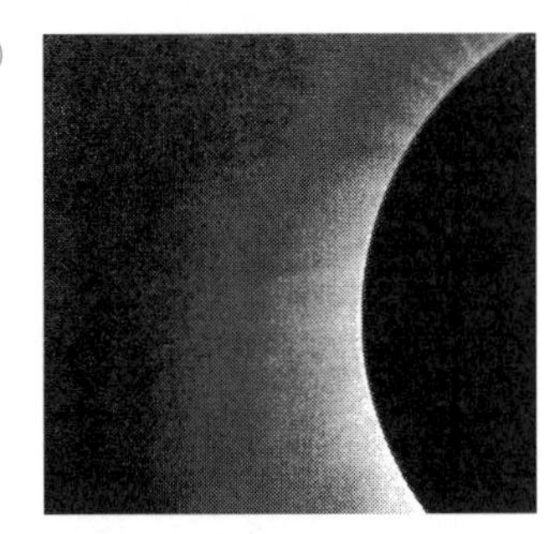
彩層の外側に存在する 100 万 K 以上の高温な気体からなる構造である。

問2　星間雲に関して述べた次の文中の［ア］・［イ］に入れる語の組合せとして最も適当なものを，後の①～⑥のうちから１つ選べ。

星間雲を構成する星間ガスの主成分は［ア］であり，星間雲の特に密度が高い部分が［イ］により収縮して原始星ができる。

	ア	イ
①	水　素	重　力
②	水　素	磁　力
③	炭　素	重　力
④	炭　素	磁　力
⑤	酸　素	重　力
⑥	酸　素	磁　力

解答・解説

問1　②　　問2　①

問1　それぞれの選択肢を確認する。

①　粒状斑の写真である。

②　黒点の写真であるが，誤った説明文である。黒点は，周囲よりも温度が低いため，黒く見える。

③　プロミネンス(紅炎)の写真である。

④　コロナの写真である。

問2　ア　星間雲は，星間物質が集まった部分である。星間物質は，水素を主成分とする星間ガスと固体微粒子からなる星間塵に分けられる。

イ　星間雲の中の密度の高い部分が重力によって収縮すると，温度と密度が上昇し，温度の高い中心部が原始星として輝き始める。

太陽系の惑星

1 太陽系の誕生

太陽やそのまわりの惑星は，今から約 46 億年前に，**星間物質**(水素・ヘリウム・固体微粒子など)が収縮して誕生したと考えられている。星間物質のほとんどは中心部に集まって**原始太陽**を形成し，残りの星間物質は原始太陽のまわりを円盤状に回転して，**原始太陽系円盤**を形成したんだよ(図21-1)。

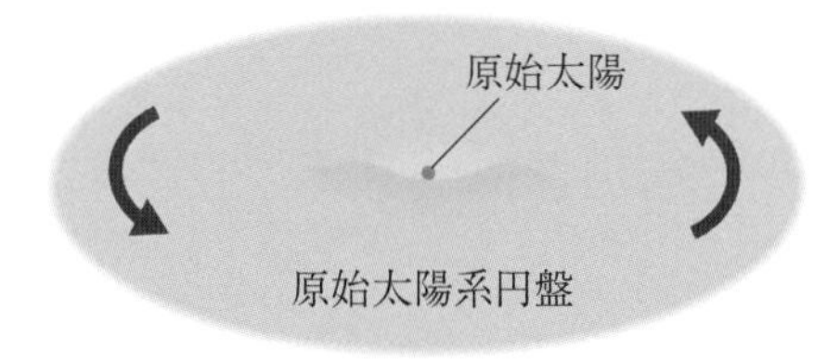

▲ 図21-1　原始太陽系円盤

原始太陽系円盤の中では固体微粒子が集まって，直径10 km 程度の**微惑星**を形成したんだ。太陽に近いところでは，岩石主体の微惑星が形成されたけど，太陽から遠いところでは，温度が低く，氷が存在できるため，岩石だけでなく氷主体の微惑星も形成されたんだよ。これらの微惑星が衝突・合体をくり返して，10〜20 個の**原始惑星**が形成されたんだ(図21-2)。

太陽に近いところでは，原始惑星どうしが衝突して，鉄や岩石を主体とする水星，金星，地球，火星が誕生したんだ。一方，太陽から遠いところでは，微惑星に氷が含まれる分だけ，惑星の材料となる物質が多く存在したため，大きな原始惑星が形成されたんだよ。大きな原始惑星では重力も大きくなるため，まわりからガスを集めることができるようになり，ガスを主体とする木星，土星，天王星，海王星が誕生したんだ。

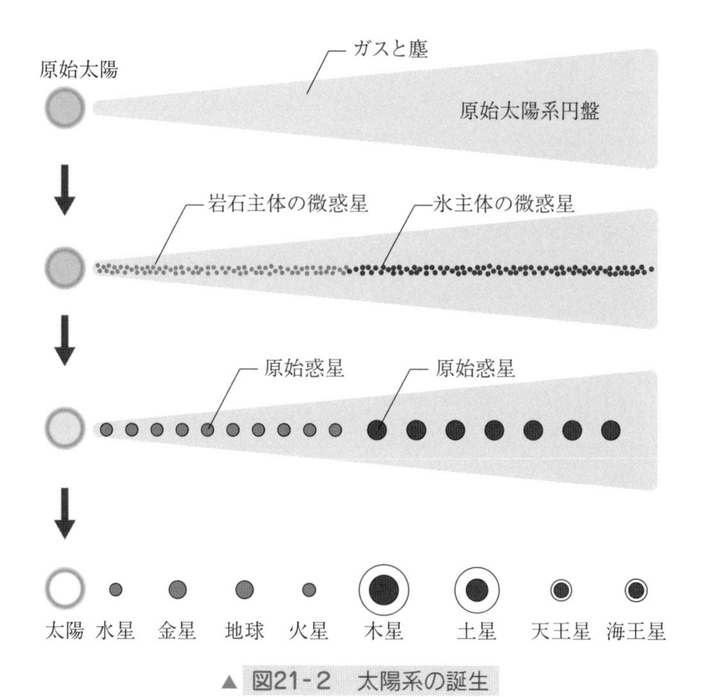

▲ 図21-2　太陽系の誕生

太陽系の天体の距離を表すときは，天文単位という距離の単位を用いることが多い。**1 天文単位**は，太陽と地球の平均距離であり，約 1 億 5000 万 km なんだよ。たとえば，太陽と木星の平均距離は，約 7 億 8000 万 km であるから，約 5.2 天文単位となるんだ。

ポイント　太陽系の誕生

▶太陽や太陽系の惑星は約 46 億年前に誕生した

原始太陽　星間物質が集まって誕生した原始星の段階の太陽

微 惑 星　固体微粒子が集まって形成された直径 10 km 程度の小天体

原始惑星　微惑星の衝突・合体によって形成された天体

2 惑星の特徴

太陽系には，太陽から近い順に，水星，金星，地球，火星，木星，土星，天王星，海王星の8つの惑星がある。このうち，太陽に近い4つの惑星(水星，金星，地球，火星)は，**地球型惑星**とよばれ，半径や質量が小さく，平均密度が大きい。一方，太陽から遠い4つの惑星(木星，土星，天王星，海王星)は，**木星型惑星**とよばれ，半径や質量が大きく，平均密度が小さいんだよ。地球型惑星と木星型惑星は，半径や平均密度以外にも異なる特徴があるんだ(**表21-1**)。

	地球型惑星 (水星・金星・地球・火星)	木星型惑星 (木星・土星・天王星・海王星)
半　径	小さい	大きい
質　量	小さい	大きい
平均密度	大きい	小さい
表　面	岩石	ガス
自転周期	長い	短い
偏平率	小さい	大きい
衛星の数	少ない	多い
リング	なし	あり

▲ **表21-1**　地球型惑星と木星型惑星

地球型惑星と木星型惑星の平均密度が異なるのは，惑星の内部構造に大きな違いがあるからだよ。地球型惑星は岩石を主体とし，その中心部には重い鉄があるから，地球型惑星の平均密度は大きいんだ(**図21-3**)。だけど，木星型惑星は軽いガス(水素とヘリウム)を主体としているから，木星型惑星の平均密度は小さいんだよ(**図21-4**)。

よく見ると，天王星と海王星の内部構造は，木星と土星の内部構造とは異なっているよね。

木星型惑星のうち，木星と土星は水素とヘリウムを多く含むため，**巨大ガス惑星**とよぶことがあるんだ。また，天王星と海王星は内部に厚い氷の層が存在するため，**巨大氷惑星**とよぶことがあるんだよ。

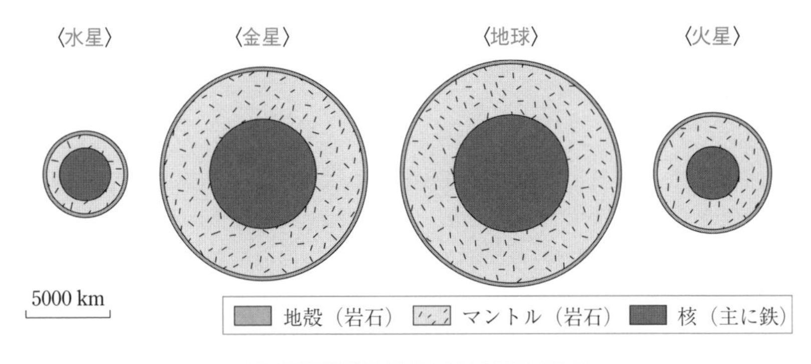

▲ 図21-3　地球型惑星の内部構造

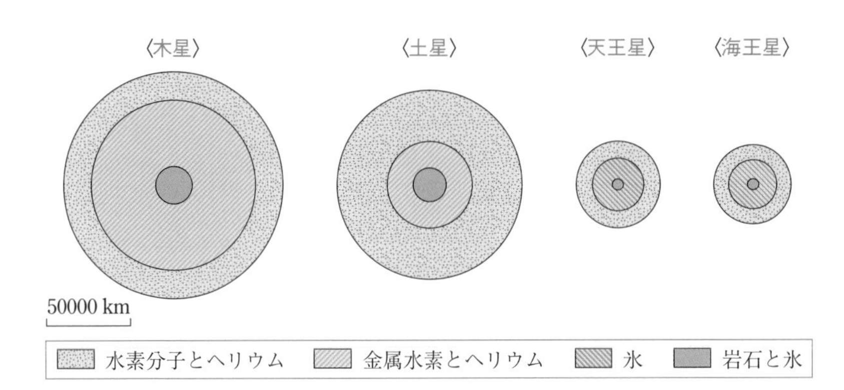

▲ 図21-4　木星型惑星の内部構造

惑星の自転周期にも大きな違いがある。自転周期とは，惑星が自転軸のまわりを一周するのにかかる時間のことだよ。自転周期は，地球型惑星より木星型惑星のほうが短いんだ。自転周期が短いということは，自転速度が速いということになるよね。

また，自転周期が短い（自転速度が速い）ほど，回転の外向きにはたらく遠心力が大きくなるため，赤道方向にふくらんだ形になるんだ。つまり，自転周期の短い木星型惑星は，偏平率（回転楕円体のつぶれの度合い）の大きい惑星になるんだよ。

3 地球型惑星

❶ 水　星

水星は太陽系で最も半径の小さい惑星である。水星の表面温度は，昼側で約430℃，夜側で約－170℃になるんだ。水星は自転周期が長い(自転速度が遅い)ので，昼と夜の時間が長くなるよね。つまり，昼に温度が上昇する時間と夜に温度が低下する時間が長いため，昼と夜の温度差が大きくなるんだよ。

水星には大気や水はなく，多くの**クレーター**が見られる。クレーターは，地表面にできた円形のくぼ地のことで，**隕石**が衝突してできたものなんだ。

大気のある星では，宇宙の小さな塵や小天体などが大気圏に入ると，その多くは大気圏で流星として燃えつきるけど，大気がない星ではそのまま地表面に落ちてクレーターをつくるんだよ(図21-5)。

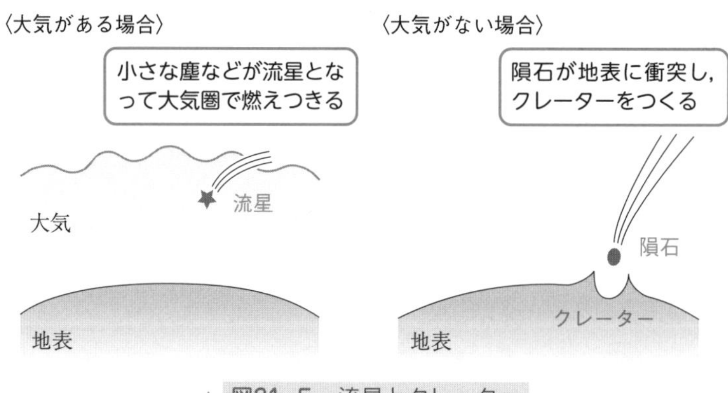

▲ 図21-5　流星とクレーター

❷ 金　星

金星は地球とほぼ同じ大きさの惑星である。金星の**大気の主成分は二酸化炭素で，気圧は約90気圧**なんだよ。

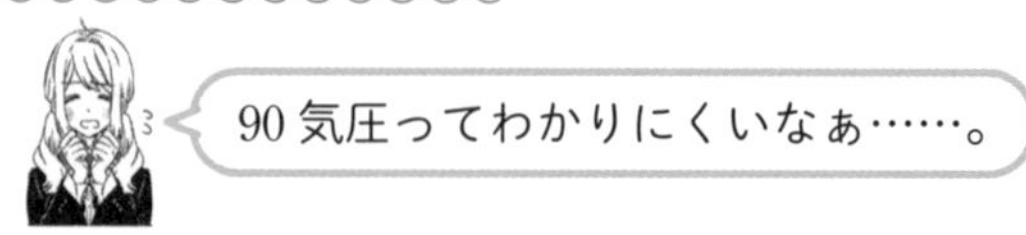

気圧とは大気の重さのことで，地球の海面上における気圧は1気圧だったよね。つまり，90気圧とは金星の地表面における大気の重さが地球の約90倍であるということなんだ。すなわち，金星の大気の量は地球よりも多いんだよ。

金星は厚い大気に覆われていて，しかも大気の主成分が二酸化炭素であるから，**非常に強い温室効果がはたらく**はずだよね。温室効果によって，**金星の表面温度は約 460 ℃**にもなるんだ(図21-6)。

金星は地球よりも太陽に近く，強い温室効果がはたらくため，表面温度は太陽系惑星の中で最も高く，約 460℃である。

▲ 図21-6　厚い大気で覆われた金星

③ 火　星

火星は，半径が地球の半分くらいであり，地球と同じように自転軸が傾いているため，季節変化が見られる惑星である。火星の表面温度は－125～20 ℃で，**大気の主成分は二酸化炭素**なんだよ。

火星の温度は低いけど，温室効果ははたらいていないの？

火星の地表面における**気圧は約 0.006 気圧**しかなく，大気の量が非常に少ないので，金星のように強い温室効果ははたらいていないんだ。火星は大気が少ないから，クレーターもよく見られるんだよ。また，火星の表面には，水が流れてできたような地形が見られるんだ。さらに，極域では，二酸化炭素が凍ってできた**極冠**が見られるんだよ(図21-7)。

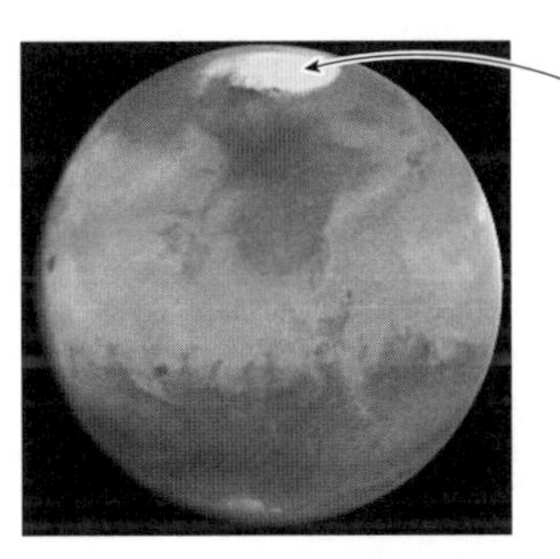

極冠

極地方では，二酸化炭素が凍ってできた白く輝く極冠が見られる

▲ 図21-7　火星の極冠

4 木星型惑星

❶ 木　　星

太陽系最大の惑星である**木星**は，半径が地球の約 11 倍もあるんだ。木星の自転周期は約 10 時間であり，太陽系の惑星で最も短い。

水素やヘリウムの厚い大気をもち，表面には大気の流れによってできた縞模様や**大赤斑**とよばれる巨大な渦が見られるんだよ(**図21-8**)。

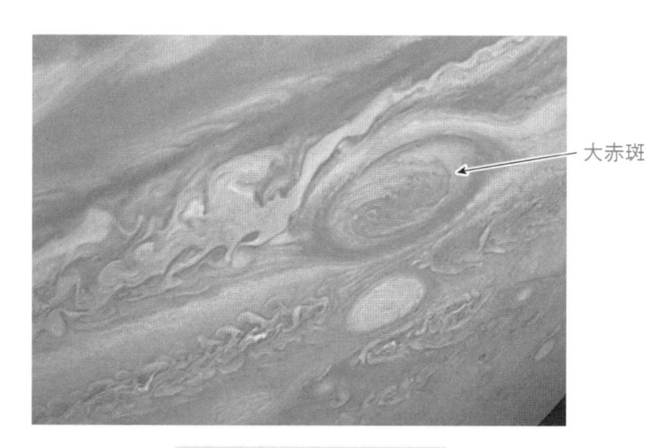

▲ 図21-8　木星の大赤斑

惑星のまわりを公転している天体を**衛星**という。木星の衛星は，2023 年までに 90 個以上発見されているんだ。木星最大の衛星である**ガニメデ**，火山活動が観測されている**イオ**，表面が氷で覆われた**エウロパ**などがあるんだよ。これらの衛星は，ガリレオ・ガリレイによって発見されたんだ(**図21-9**)。

▲ 図21-9　木星の衛星

❷ 土　星

土星は，太陽系の惑星で2番目に大きく，平均密度が最も小さい惑星である。水素やヘリウムの厚い大気をもち，表面には縞模様が見られるんだよ。

土星には，幅が約7kmの巨大なリングがある(**図21-10**)。このリングは，氷や小さな岩石がたくさん集まって形成されているんだ。リングは土星だけでなく，すべての木星型惑星にあるんだよ。

土星にはタイタンやエンケラドスなどの衛星があり，2023年までに140個以上の衛星が発見されているんだ。

▲ 図21-10　土星とそのリング

❸ 天 王 星

天王星は，半径が地球の約4倍の大きさをもつ惑星である。天王星の自転軸は，天王星の公転軌道面に倒れるように，ほぼ横倒しになっているんだ。また，大気中に含まれるメタンが赤色光を吸収するため，天王星は青白く見えるんだよ。

❹ 海 王 星

太陽系の惑星で太陽から最も遠いところにある**海王星**は，天王星と似たような大きさや内部構造をもつ惑星である。海王星も大気中にメタンを含むため，青く見えるんだ。また，表面には黒斑とよばれる巨大な渦が見られることがあるんだよ。

チェック問題

太陽系の惑星に関する次の問いに答えよ。

問1　次の文章中の ア ・ イ に入れる語の組合せとして最も適当なものを，下の①～⑥のうちから1つ選べ。

木星や土星とくらべて，天王星と海王星は太陽からの距離が遠く形成時期も遅いため，その内部構造は木星や土星と異なると推測されている。次の図は天王星や海王星の内部構造の模式図である。最も内側の円は核を示す。核はおもに岩石から，核を取り囲む層Ⅰはおもに ア から，その外側の層Ⅱはおもに イ から構成されると考えられている。

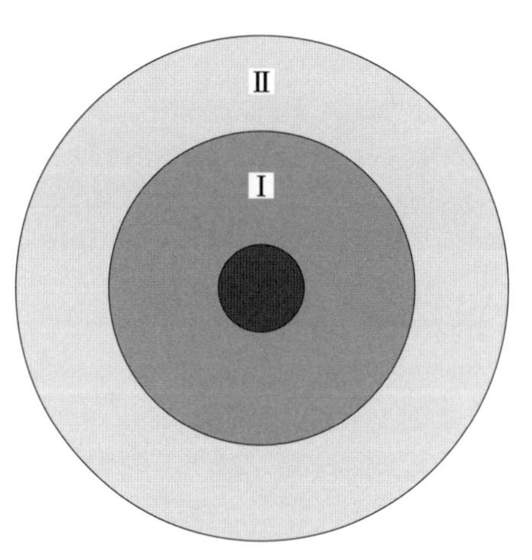

図　天王星や海王星の内部構造の模式図

	ア	イ
①	氷	水　素
②	氷	ケイ酸塩
③	水	氷
④	水	水　素
⑤	水　素	ケイ酸塩
⑥	水　素	氷

問2　太陽系には，さまざまな質量や密度の惑星がある。地球と木星，天王星の三つのなかで，質量が最も大きい惑星と平均密度が最も大きい惑星の組合せとして最も適当なものを、次の①～⑥のうちから1つ選べ。

	質量が最も大きい惑星	平均密度が最も大きい惑星
①	地　球	木　星
②	地　球	天王星
③	木　星	地　球
④	木　星	天王星
⑤	天王星	地　球
⑥	天王星	木　星

解答・解説

問1　①　　問2　③

問1　天王星や海王星の核は，主に岩石や氷でできている。核を取り囲む層Ⅰは，主に氷(水，アンモニア，メタン)で構成されている。その外側の層Ⅱは，主に水素，ヘリウム，メタンなどで構成されている。天王星や海王星は，内部に厚い氷の層が存在するため，巨大氷惑星とよばれることがある。

問2　木星型惑星(木星，土星，天王星，海王星)は，地球型惑星(水星，金星，地球，火星)よりも質量が大きい。太陽系最大の惑星である木星の質量は，地球の質量の約320倍であり，天王星の質量は，地球の質量の約15倍である。

また，地球型惑星は木星型惑星よりも平均密度が大きい。地球の平均密度は約5.5 g/cm^3 であり，木星と天王星の平均密度は約1.3 g/cm^3 である。

22時間目 太陽系の小天体

1 小 惑 星

小惑星は，そのほとんどが**火星軌道と木星軌道の間に存在する**小天体である（図22-1）。小惑星の直径は，数十 km 以下のものが多い。最大の小惑星は**セレス**（**ケレス**）で，直径が約 1000 km あるんだ。また，小惑星探査機によって，岩石試料を持ち帰ることに成功した**イトカワ**や**リュウグウ**は，地球に接近する軌道をもつ小惑星なんだよ。

発見されている小惑星は約 100 万個あり，惑星の公転と同じ向きに太陽のまわりを公転しているんだ。小惑星は，微惑星が成長しなかったものや原始惑星が分裂したものと考えられているから，太陽系の初期のようすを知る手がかりとなるんだよ。

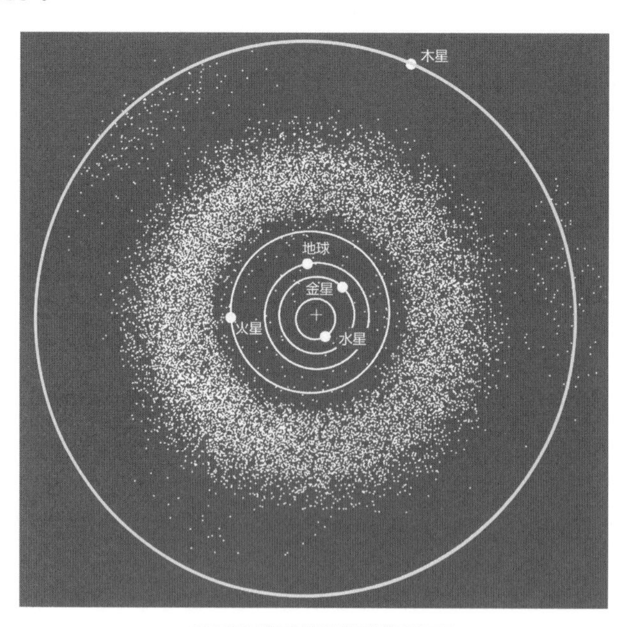

▲ 図22-1　小惑星の分布

2 彗　星

彗星は，氷や塵などでできていて，太陽のまわりを細長い楕円軌道で公転している小天体である。彗星が太陽に近づくと，彗星本体のまわりに，氷などが気化してできたコマとよばれる領域や細長く伸びた尾が形成されるんだ。**彗星の尾は太陽と反対方向に伸び**，黄色または白色に見える尾は塵でできていて，青色に見える尾はイオンでできているんだよ（図22-2）。

▲ 図22-2　彗　星

彗星は，宇宙空間に塵を放出しているから，彗星が通った後の宇宙空間に地球が公転してくると，地球の大気圏に塵が入り込んでくることになるよね。彗星から放出された塵が大気圏で発光すると，**流星**になるんだよ（図22-3）。

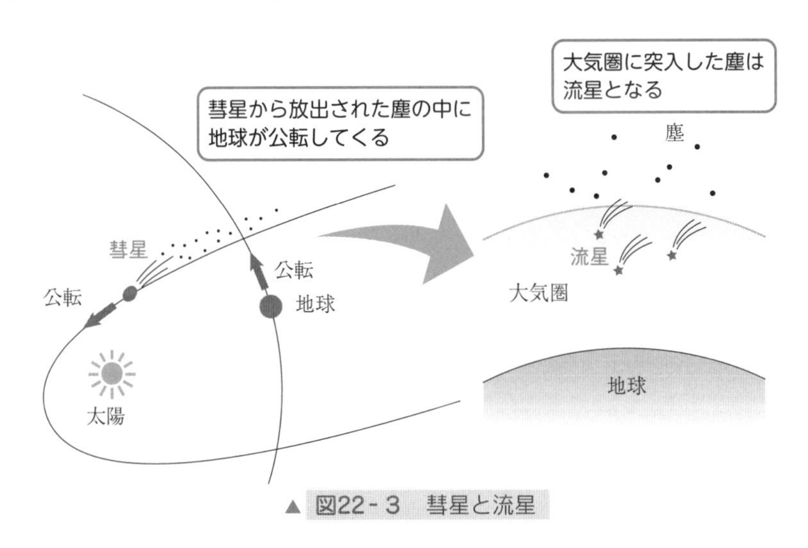

▲ 図22-3　彗星と流星

3 太陽系外縁天体

太陽系の小天体のうち，主に海王星の外側の軌道を公転している小天体を**太陽系外縁天体**という。太陽系外縁天体には，**冥王星**，エリス，マケマケなどがあり，1000個以上発見されているんだよ(図22-4)。

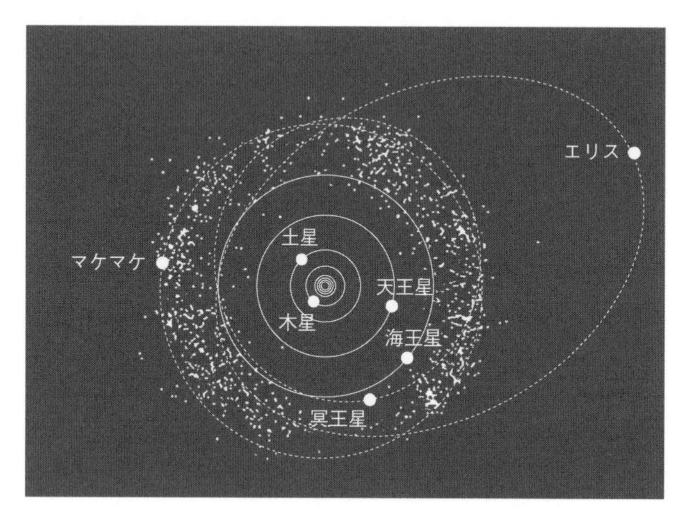

▲ 図22-4　太陽系外縁天体と木星型惑星の軌道

参考　エッジワース・カイパーベルトとオールトの雲

太陽系外縁天体が分布する円盤状の領域を**エッジワース・カイパーベルト**という。短周期彗星(公転周期が200年未満の彗星)は，エッジワース・カイパーベルトからやってくると考えられているんだよ。

また，太陽系外縁天体のさらに外側には，太陽系を球殻状に取り囲んでいる天体の集団があると考えられていて，これを**オールトの雲**というんだ。長周期彗星(公転周期が200年以上の彗星)は，オールトの雲からやってくると考えられているんだよ。

4 太陽系における地球

惑星に生命が存在するためには，液体の水や大気が必要であり，液体の水が存在できる領域を**ハビタブルゾーン**というんだ。太陽系では，太陽からの距離が 0.95 ～ 1.4 天文単位の範囲と考えられることが多いんだよ(図22-5)。

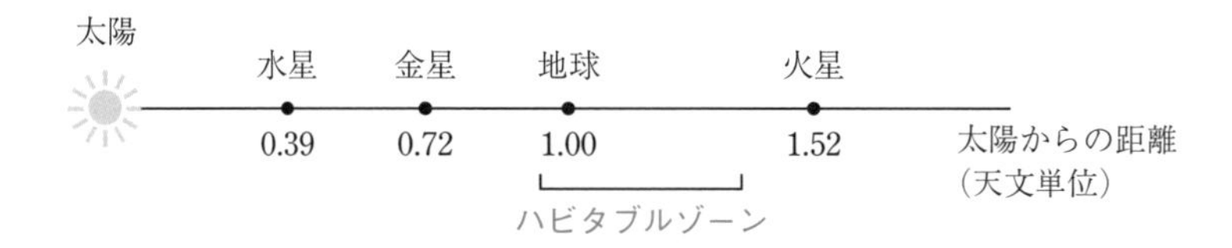

▲ 図22-5　ハビタブルゾーン

地球よりも太陽に近い金星は表面温度が高く，地球よりも太陽から遠い火星は表面温度が低いため，液体の水が存在していないんだ。太陽系の惑星では，地球だけがハビタブルゾーンに入っているんだよ。

また，地球は質量が地球型惑星で最も大きく，大気や水を引きつけるだけの十分な重力をもっている。だけど，火星は地球よりも質量が小さく重力も小さいため，十分な大気を引きとめておくことができなかったんだ。

ポイント ハビタブルゾーン

ハビタブルゾーン
▶液体の水が存在できる領域

参考 月の誕生

月は，原始地球に他の原始惑星が衝突して，そのときに砕けて飛び散った物質が再び集まってできたと考えられている。このような月の形成の考え方を**ジャイアント・インパクト説**というんだ。

チェック問題　標準　3分

太陽系の天体に関する次の問いに答えよ。

問１　太陽系の起源や天体の化学組成などを調べるために，日本の探査機「はやぶさ２」のように，太陽系の小天体に探査機を送り，岩石試料を地球に持ち帰り直接分析することが試みられている。太陽系の小天体の一種である小惑星の画像の例として最も適当なものを，次の①〜④のうちから１つ選べ。

①

②

③

④

①〜④の写真は，編集の都合上，類似の写真に差し替えました。
写真提供：
① NASA, ESA, and The Hubble Heritage Team (STScI/AURA)
② JAXA　③ Alamy/アフロ
④ NASA, ESA, and A. Simon (Goddard Space Flight Center)

問2　太陽系天体について述べた文として誤っているものを，次の①～④のうちから1つ選べ。

① 地球型惑星はおもに岩石からなる小型の惑星で，木星型惑星はおもにガスからなる大型の惑星である。

② 小惑星の大部分は木星と土星の間に存在するが，地球軌道より内側まで入ってくるものもある。

③ 彗星は太陽に近づくと暖められて気化し，頭部(コマ)や長い尾部を形成する。

④ 海王星の外側には1000個を越える小天体が発見されており，太陽系外縁天体と呼ばれる。

解答・解説

問1　②　　問2　②

問1　それぞれの選択肢を確認する。

① 火星の画像である。

② 小惑星(イトカワ)の画像である。小惑星は岩石を主体とする天体である。

③ 彗星(ヘール・ボップ彗星)の画像である。彗星は，太陽に近づくと，太陽と反対方向に尾を形成する。

④ 木星の画像である。木星の表面には，大気の運動によってできた縞模様や大赤斑とよばれる巨大な渦が見られる。

問2　それぞれの選択肢を確認する。

① 地球型惑星は半径が小さい小型の惑星であり，木星型惑星は半径が大きい大型の惑星である。また，地球型惑星は主に岩石で構成されているため，平均密度の大きい惑星である。一方，木星型惑星は主にガスで構成されているため，平均密度の小さい惑星である。

② 誤った文である。小惑星の大部分は，主に火星と木星の間に存在する。また，小惑星イトカワやリュウグウのように，地球の軌道の内側まで入ってくるものもある。

③ 彗星は太陽に近づくとコマや尾を形成する。

④ 海王星の軌道の外側を公転する小天体を太陽系外縁天体という。太陽系外縁天体は1000個以上発見されている。

23時間目 地表の変化

1 岩石の風化

地表の岩石は，太陽からの熱や雨水などの影響によって，しだいに壊されていく。この現象を**風化**というんだ。まずは風化がどのようにして起こるのかを理解しよう。

岩石は，**温度が上がると膨張し，温度が下がると収縮する**んだ（図23-1）。これが毎日くり返されるうちに割れ目ができて，岩石は壊されていくんだよ。

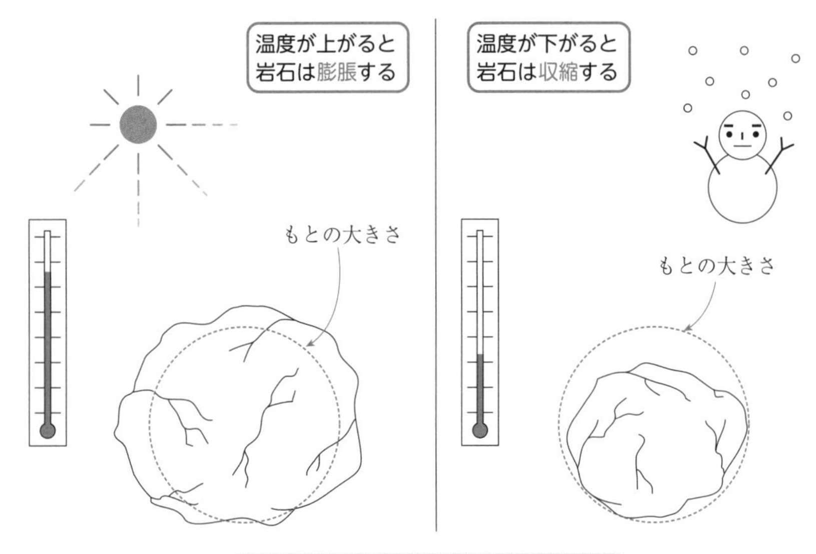

▲ 図23-1　温度変化による物理的風化

さらに雨が降ると，岩石の割れ目に水が入り込むことがありそうだよね。この割れ目に入り込んだ水が，夜間または冬季に温度が下がると，凍結して膨張するんだよ。

そういえば冷凍庫で氷をつくると，容器に入れた水にくらべて，できた氷は膨らんでいるよね。

岩石の割れ目に入り込んだ水が氷になって膨張すると，割れ目が大きくなって，内側から岩石が壊されるんだ(図23-2)。また，岩石の割れ目に入り込んだ植物の根が成長して割れ目が拡大し，岩石が壊されることもあるんだよ。

このように，温度変化，水の凍結，植物の根の成長などによって，岩石が壊されていくことを**物理的風化(機械的風化)**というんだ。物理的風化は，温度変化の大きい乾燥した地域や水が凍結する寒冷な地域で進みやすいんだよ。

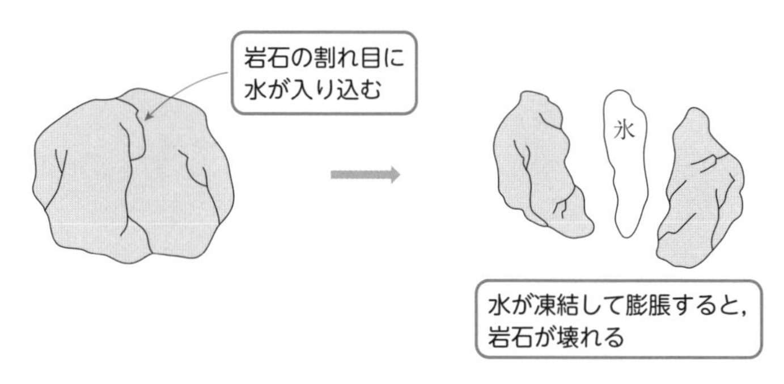

▲ 図23-2　水の凍結による物理的風化

一方，岩石は雨水や地下水と反応して，岩石に含まれる鉱物がとけたり，他の鉱物に変化したりすることもある。これを**化学的風化**というんだ。

たとえば，石灰岩は二酸化炭素を含む雨水と反応してとけることがある。石灰岩が分布する地域では，石灰岩が雨水にとけて，地表にくぼ地が形成されたり，地下に鍾乳洞が形成されたりすることもあるんだよ。このように化学的風化を受けてできた石灰岩の地形を**カルスト地形**というんだ。化学的風化は，気温が高く，降水量が多い地域で進みやすいんだよ。

ポイント 風　化

物理的風化(機械的風化)

温度変化，水の凍結，植物の根の成長などにより岩石が壊される作用

化学的風化

二酸化炭素を含む雨水や地下水と反応して，鉱物がとけたり，他の鉱物に変化したりする作用

2 河川のはたらき

地表の岩石が河川の流水などによって削られることを**侵食**という。また，風化や侵食によってできた岩石の破片や粒子を**砕屑物**（さいせつぶつ）(**砕屑粒子**)というんだ。砕屑物は粒径(粒子の直径)によって分類され，**表23-1**のように大きいものから順に，**礫**（れき），**砂**，**泥**に区分されているんだよ。また，泥のうち大きいものをシルト，小さいものを粘土とよぶこともあるんだ。

砕屑物		粒　径
礫		2 mm 以上
砂		$\frac{1}{16}$ ～ 2 mm
泥	シルト	$\frac{1}{256}$ ～ $\frac{1}{16}$ mm
	粘土	$\frac{1}{256}$ mm 未満

▲ 表23-1　砕屑物の分類

砕屑物が河川の流水によって運ばれることを**運搬**といい，運搬された砕屑物が海底などに積み重なることを**堆積**というんだ。河川には，侵食，運搬，堆積の3つのはたらきがあり，これらは河川の流速や砕屑物の粒径などと関係があるんだよ(**図23-3**)。

ここで，**図23-3**の見方を確認しておこう。まず，流速の遅い河川で，川底に，礫，砂，泥などの砕屑物が静止している場合を考えてみよう。上流で大雨が降るなどして，流れが少しずつ速くなり，**平均流速が移動開始速度を表す曲線Aよりも大きくなると，静止していた砕屑物は動き出し，運搬され，侵食が始まる**んだ。曲線Aは，砂の部分で最も小さくなっているから，礫や泥よりも砂が最初に運搬され始めるんだよ。

粒径が $\frac{1}{8}$ mm くらいの砂が最初に動き始めるんだね。

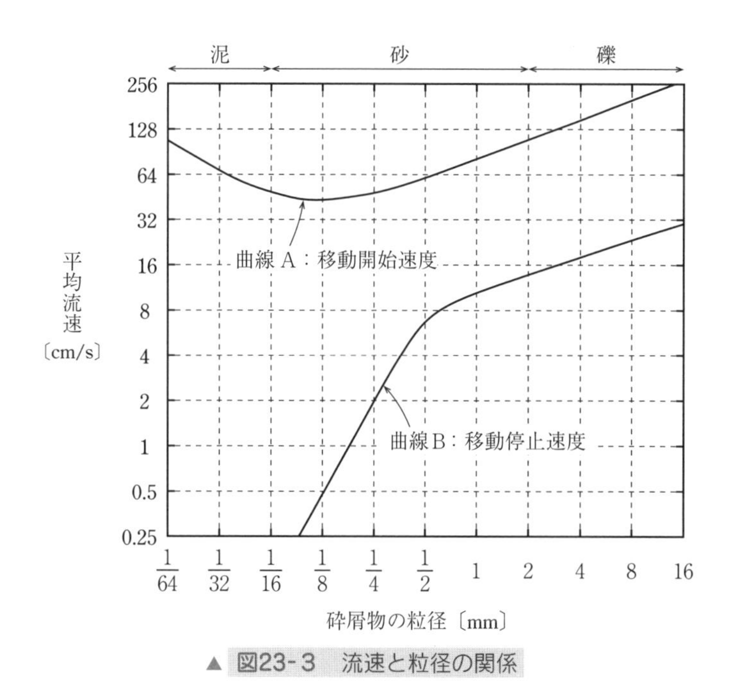

▲ 図23-3　流速と粒径の関係

次に，流速の速い河川を，礫，砂，泥などの砕屑物が運搬されている場合を考えてみよう。流れが少しずつ遅くなり，**平均流速が移動停止速度を表す曲線 B よりも小さくなると，水中の砕屑物は沈降して，堆積する**んだ。曲線 B は，右上がりのグラフになっているから，河川の流速が遅くなっていくと，礫，砂，泥の順に堆積するんだよ。礫はある程度流速が速くても堆積できるけど，泥は流速が速いところでは堆積できず，遠くまで運ばれるんだ。

砕屑物が川底に静止している場合は曲線 A，砕屑物が運搬されている場合は曲線 B を見て考えるんだね。

ポイント 河川のはたらき

▶川底に静止している砕屑物
平均流速が移動開始速度よりも大きくなると，運搬され，侵食される

▶流水によって運搬されている砕屑物
平均流速が移動停止速度よりも小さくなると堆積する

3 砕屑物の運搬と堆積

河川のはたらきによって，陸上にはさまざまな地形ができることがある。山地では河川の流速が大きいため，川底が侵食され，それによってできた砕屑物が下流へ運搬され，**V字谷**とよばれる谷が形成されるんだよ(**図23-4**)。

山地は傾斜が急だから，流速が大きいんだね。

山間部では，大量の土砂が水とともに流れ下る**土石流**が発生することがある。土石流は大雨によって増水したときに発生することが多いんだよ。土石流は時速数十 km と速く，長い距離を移動することもあるからとても危険なんだ。

また，広い範囲で大量の土砂が下方に移動する現象を**地すべり**といい，急斜面の土砂が崩れ落ちる現象を**崖崩れ**というんだ。これらの現象は，大雨や集中豪雨だけでなく，地震が原因で発生することもあるんだよ。

日本には山地が多いから，土砂災害には注意が必要だね。

▲ 図23-4　V 字 谷

河川が山地から平野に流れ出るところでは，流速が小さくなるため，礫や砂などの粒径の大きい砕屑物が堆積して，**扇状地**が形成されるんだ（図23-5）。扇状地には，土石流によって，礫や砂が運ばれてくることもあるんだよ。

扇状地には，扇形に広がるように，礫や砂が堆積しているんだね。

傾斜の緩やかな平野では，川底を掘り下げるような侵食よりも，川幅を広げるような侵食が強まるため，河川が蛇行しやすくなるんだ。河川の蛇行によって流路が変化すると，もとの流路が**三日月湖**として取り残されることがあるんだよ。

また，河口付近では流速がさらに小さくなるため，砂や泥などの粒径の小さい砕屑物が堆積して，**三角州**が形成されるんだ。

このようにして，一般に砕屑物は，河川のはたらきによって陸から海へ運ばれ，やがて海底に堆積していくことになるんだよ。

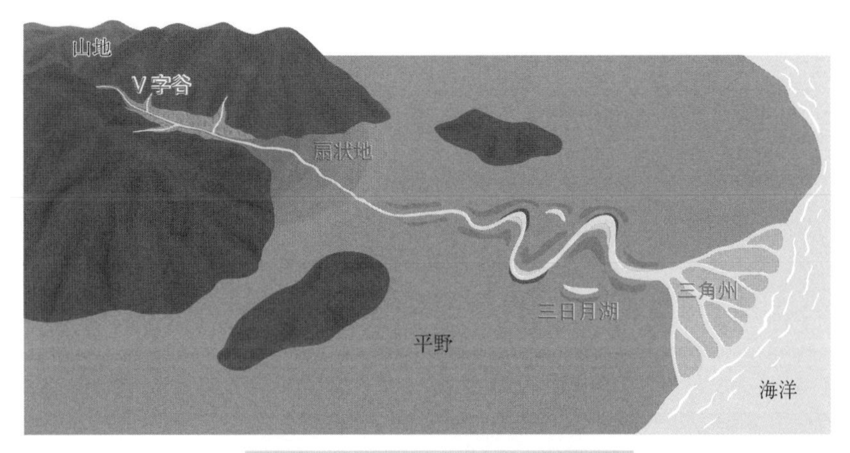

▲ 図23-5　河川のはたらきによる地形

ポイント 河川のはたらきによる地形

V字谷　山地で川底が侵食されてできた深い谷
扇状地　山地と平野の間で，礫や砂が堆積してできた地形
三角州　河口付近で砂や泥が堆積してできた地形

4 堆積岩の形成

礫・砂・泥などの砕屑物，火山灰などの火山噴出物，生物の遺骸などが特定の場所に積み重なったものを**堆積物**という。また，堆積物が長い時間をかけて固結してできた岩石を**堆積岩**というんだ。

陸から海底に運び込まれた堆積物は，堆積した直後はまだやわらかく，水を多く含んでいる。だけど，長い時間をかけて堆積物が次々と重なると，**その重みで圧縮され，脱水して粒子のすき間が狭くなっていく**んだよ。

さらに，**粒子間に炭酸カルシウム**（$CaCO_3$）**や二酸化ケイ素**（SiO_2）**などの新しい鉱物ができて，粒子どうしを接着する**んだ。このようにして堆積岩を形成する過程を**続成作用**というんだよ（図23-6）。

続成作用には，堆積物を圧縮することと接着することの２つの過程があるんだね。

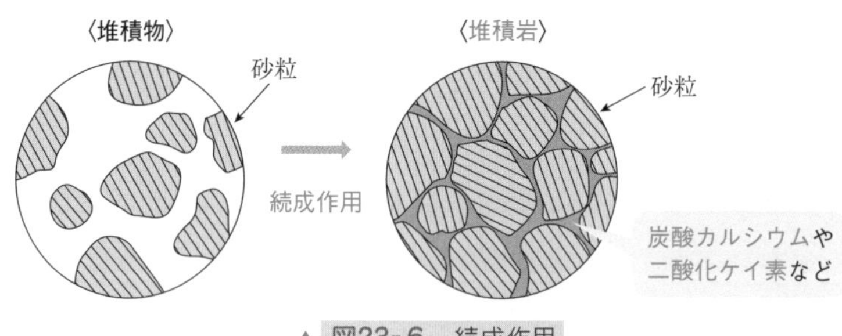

▲ 図23-6　続成作用

ポイント　堆積岩の形成

堆積岩　堆積物が固結してできた岩石

続成作用　堆積物が固結して堆積岩になる過程

▶堆積物が圧縮され脱水して粒子のすき間が狭くなる

▶粒子間に炭酸カルシウムなどができて粒子どうしを接着する

5 堆積岩の分類

❶ 砕屑岩

堆積岩は，堆積物の種類によって分類されているんだ。風化や侵食によって，礫，砂，泥などの砕屑物ができるんだったよね。砕屑物が固まってできた堆積岩を**砕屑岩**というんだ。礫，砂，泥が堆積して続成作用を受けると，それぞれ**礫岩**，**砂岩**，**泥岩**という堆積岩になるんだよ(**表23-2**)。

岩石名	堆積物
礫　岩	粒径 2 mm 以上の礫
砂　岩	粒径 $\frac{1}{16}$ ～ 2 mm の砂
泥　岩	粒径 $\frac{1}{16}$ mm 以下の泥

▲ 表23-2　砕屑岩(堆積岩)の分類

❷ 化学岩

堆積岩は，海水中にとけている成分が沈殿したり，水が蒸発したりすることによってできることもある。このようにしてできた堆積岩を**化学岩**というんだ。

海水中にとけている炭酸カルシウム($CaCO_3$)が沈殿すると**石灰岩**ができ，二酸化ケイ素(SiO_2)が沈殿すると**チャート**ができるんだよ(**表23-3**)。また，乾燥した地域で湖面から水が蒸発すると，塩化ナトリウム($NaCl$)や硫酸カルシウム($CaSO_4$)が沈殿して，**岩塩**や**石こう**ができるんだ。

岩石名	堆積物
石灰岩	炭酸カルシウム($CaCO_3$)
チャート	二酸化ケイ素　(SiO_2)
岩　塩	塩化ナトリウム($NaCl$)
石こう	硫酸カルシウム($CaSO_4$)

▲ 表23-3　化学岩(堆積岩)の分類

❸ 生 物 岩

生物の遺骸が，海底に堆積して堆積岩ができることもある。このようにしてできた堆積岩を**生物岩**というんだ。

堆積岩が形成される海底には，岩石の粒だけでなく，生物の遺骸も堆積するんだね。

サンゴ，フズリナ（紡錘虫），有孔虫，貝殻などは炭酸カルシウム（$CaCO_3$）**に富む**ので，これらが海底に堆積すると**石灰岩**ができるんだ。特に，温暖な浅い海では，サンゴ礁を起源とする石灰岩ができることがあるんだよ。

また，**放散虫やケイ藻などは二酸化ケイ素**（SiO_2）**に富む**ので，これらが海底に堆積すると**チャート**ができるんだ。特に，放散虫の殻は，陸から離れた深海底に堆積するんだよ。陸に近い海底では，陸から運ばれてきた礫，砂，泥などが堆積するからね。

有孔虫や放散虫はどんな生き物なの？

有孔虫や放散虫は，海水中に生息している微小な生物だよ（**図23-7**）。石灰岩やチャートは，海水中の成分が沈殿してできることもあるけど，有孔虫や放散虫の遺骸が堆積してできることもあるんだ。

岩石名	堆積物
石灰岩	サンゴ・有孔虫・貝殻など（$CaCO_3$ に富む）
チャート	放散虫やケイ藻など（SiO_2 に富む）

▲ **表23-4**　生物岩（堆積岩）の分類

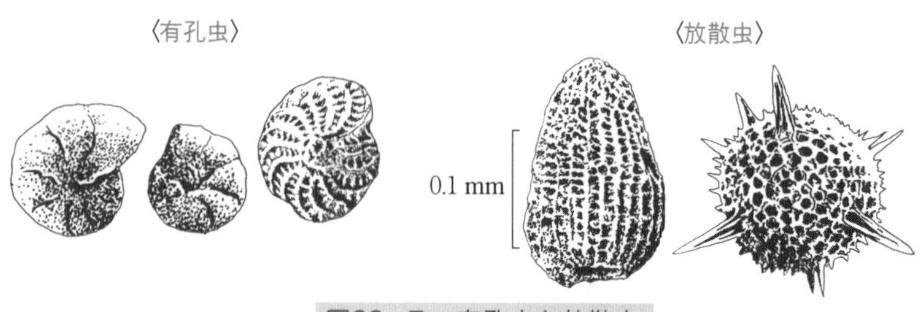

▲ **図23-7**　有孔虫と放散虫

④ 火山砕屑岩（火砕岩）

火山砕屑物のことは覚えているかな。火山の噴火によって，火口から放出された火山灰などがあったよね。

たしか大きさによって区分されていて，大きいほうから順に，火山岩塊，火山礫，火山灰だったよね。

火山砕屑物も堆積して固結すれば堆積岩になるんだよ。このようにしてできた堆積岩を**火山砕屑岩**（火砕岩）というんだ。火山砕屑岩のうち，**凝灰岩**（ぎょうかいがん）は主に火山灰が堆積してできた岩石，**凝灰角礫岩**は火山岩塊，火山礫，火山灰などが堆積してできた岩石なんだよ（**表23-5**）。

岩石名	堆積物
凝灰岩	火山灰
凝灰角礫岩	火山灰・火山礫・火山岩塊

▲ **表23-5** 火山砕屑岩（堆積岩）の分類

ポイント 堆積岩の分類

砕屑岩 砕屑物が固結してできた岩石
▶礫岩・砂岩・泥岩などがある

化学岩 水中の物質が沈殿してできた岩石
▶石灰岩・チャート・岩塩・石こうなどがある

生物岩 生物の遺骸が固結してできた岩石
▶石灰岩・チャートなどがある

火山砕屑岩 火山砕屑物が堆積してできた岩石
▶凝灰岩・凝灰角礫岩などがある

チェック問題

河川による侵食・運搬・堆積と地形の形成に関する次の文章を読み，下の問いに答えよ。

河川は，砕屑物の侵食，運搬，堆積を通じて特徴的な地形を形成することがある。たとえば，河川が急峻（きゅうしゅん）な山地から平地に流れ出る場所では，河床の勾配が緩くなることや，流路が広がることなどから，河川が砕屑物を運搬する能力は低下する。こうした場所では砕屑物の中でも［ア］なものから堆積が進行し，［イ］と呼ばれる地形が形成される。

問１　上の文章中の［ア］・［イ］に入れる語の組合せとして最も適当なものを，次の①～④のうちから１つ選べ。

	ア	イ
①	細　粒	三角州
②	細　粒	扇状地
③	粗　粒	三角州
④	粗　粒	扇状地

問２　上の文章中の下線部に関連して，砕屑物が，流れのない平坦な水底に堆積している状態から，徐々に流速を増す水流によって侵食され運搬されるとき，最初に動き出すものはどれか。最も適当なものを，次の①～④のうちから１つ選べ。

①　礫　　②　砂　　③　シルト　　④　粘　土

問３　地殻の浅部や表層には堆積岩が分布している。堆積岩について述べた文として適当でないものを，次の①～④のうちから１つ選べ。

①　砕屑岩は，構成粒子の大きさによって，粗いものから順に礫岩・砂岩・泥岩に分類される。

②　凝灰岩や凝灰角礫岩は，火山砕屑物が固まってできた。

③　チャートは，主に $CaCO_3$ の殻をもつ有孔虫や貝の遺骸が集積・固化してできた。

④　堆積岩には，岩塩のように海水や湖水の蒸発によってできたものがある。

解答・解説

問１　④　　問２　②　　問３　③

問１　河川が山地から平野に流れ出る場所では，河川の流速が遅くなるため，礫や砂などの粗粒な砕屑物が堆積して，扇状地とよばれる扇形の地形が形成される。また，三角州は河口付近にできる地形である。

問２　礫，砂，泥(シルトと粘土)が水底に堆積している状態から，河川の流速が速くなっていくとき，最初に動き出すものは砂である。

問３　それぞれの選択肢を確認する。

①　構成粒子の大きさ(粒径)が 2 mm 以上の砕屑岩を礫岩，$\frac{1}{16}$ ～ 2 mm の砕屑岩を砂岩，$\frac{1}{16}$ mm 以下の砕屑岩を泥岩という。

②　凝灰岩や凝灰角礫岩は，火山灰などの火山砕屑物が固まってできた堆積岩である。

③　誤った文である。$CaCO_3$の殻をもつ有孔虫や貝の遺骸からできた堆積岩は石灰岩である。チャートは SiO_2の殻をもつ放散虫や珪藻などの遺骸からできた堆積岩である。

④　塩化ナトリウム(NaCl)を主成分とする岩塩は，海水や湖水の蒸発によってできることがある。

第4章　地球の歴史

地層と堆積構造

1 地　　層

河川の流水によって運ばれてきた砕屑物は，海や湖の底に次々と堆積していく。一般に水中では，砕屑物の上面が水平となるように堆積するんだよ。このようにして，水平な境界面をもつ砕屑物の層ができ，これがくり返されて地層ができるんだ。

地層は海底でできるんだね。

地層と地層の間には，はっきりとした境界面が見られることがある。この境界面を**層理面**(**地層面**)というんだ。つまり，1枚の地層は2つの層理面に挟まれることになるよね。

海底に運ばれてきた堆積物は水平に堆積し，次々と上に積み重なっていくから，**古い地層は下位に，新しい地層は上位に重なる**。これを**地層累重の法則**というんだ。ただし，地層が形成された後に，その一部が地殻変動によって逆転することもあるから注意しよう(図24-1)。

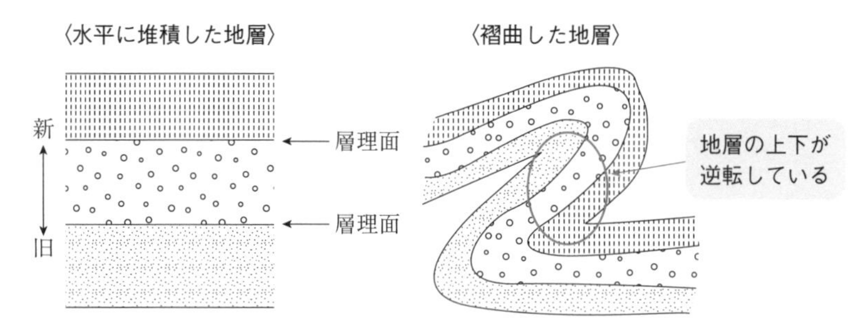

▲ 図24-1　地層の新旧

ポイント 地層累重の法則

▶古い地層は下位に，新しい地層は上位に重なる

2 堆積構造

地層には過去の地球のできごとが記録されているから，地層を調べることによって地球の歴史を明らかにすることができるんだ。

歴史なら順序が大切だよね。

海底でできた地層が隆起して陸地に上がってくるときに，地層の一部が逆転してしまうことがあるんだよ。地層の逆転に気がつかずに，地層の上位ほど新しいと考えてしまうと，地球の歴史を間違った順番で見てしまうことになるよね。

そこで，地層が逆転しているかいないかを判断することがとても重要になるんだ。地層の上下を教えてくれるのが**堆積構造**だよ。ここでは，地層によく見られる堆積構造を紹介しよう。

第4章 地球の歴史

砕屑物が堆積するところで，水流の向きや速さが変化すると，層理面に対して傾いた細かい縞模様ができることがある。これを**斜交葉理**(**クロスラミナ**)というんだ(図24-2)。細かい線はラミナとよばれ，**切られているラミナは古く下位にあり，切っているラミナは新しく上位にあるんだ**。すなわち，斜交葉理を観察することによって，地層が堆積したときの上下関係がわかるんだよ。また，ラミナの傾きから，地層が堆積したときの水流の方向も推定できるんだ。

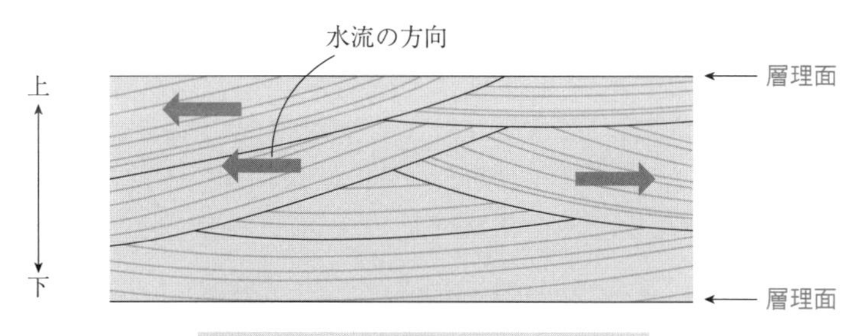

▲ 図24-2　斜交葉理（クロスラミナ）

大陸棚の上には，河川が運んできた砂や泥などの砕屑物が堆積している。地震などが起こると，砕屑物が水と混ざり合って密度の大きい流れとなり，大陸斜面に沿って流れ下ることがあるんだ(図24-3)。この流れを**混濁流**(**乱泥流**)というんだよ。

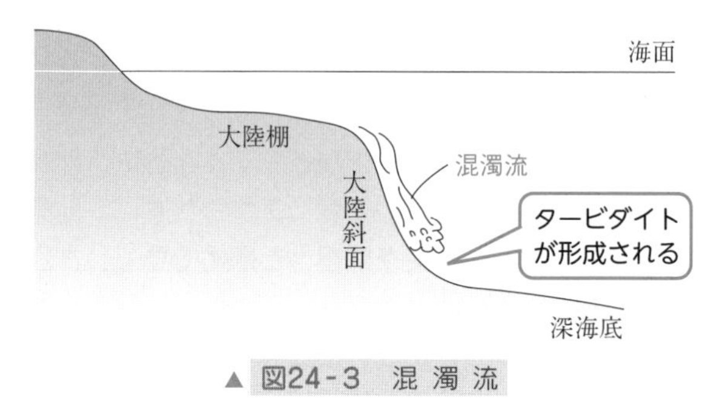

▲ 図24-3 混濁流

大陸斜面を混濁流が流れ下り，砕屑物が堆積するときには，粒子が大きいほど先に沈むので，下部ほど粗粒，上部ほど細粒な粒子が堆積するんだ。1枚の地層の中で，下部から上部に向かって，砕屑物の粒径が小さくなる構造を**級化層理**(**級化構造**・**級化成層**)というんだよ(図24-4)。また，混濁流によって堆積した地層を**タービダイト**というんだ。

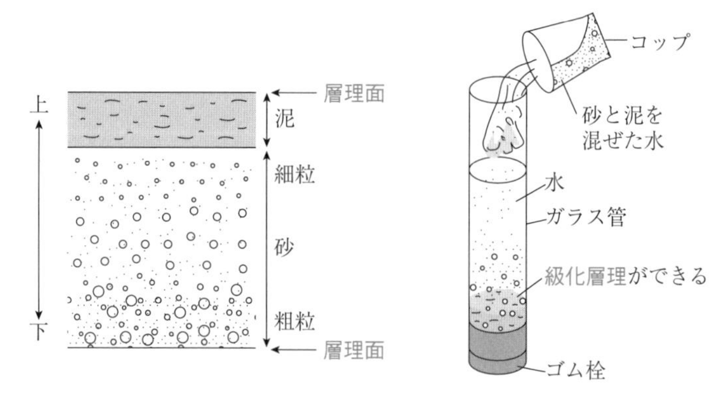

▲ 図24-4 級化層理（級化構造・級化成層）

堆積構造は地層の境界面(層理面)にできることもある。地層の上面にできた波型の構造を**リプルマーク**(**漣痕**)というんだ(**図24-5**)。これは地層の上を水が流れることによってできるんだよ。

また，泥の層の上に砂や礫が堆積するとき，水流によって礫が転がり，泥の層の上に溝ができることがあるんだ。この溝を埋めるように砂や礫が堆積すると，その重みで層理面が下にくぼむことがあるんだよ(**図24-5**)。これを**ソールマーク**(**底痕**)というんだ。

このように，斜交葉理，級化層理，リプルマーク，ソールマークなどの堆積構造は，地層が堆積したときの上下関係を知る手がかりとなるんだよ。

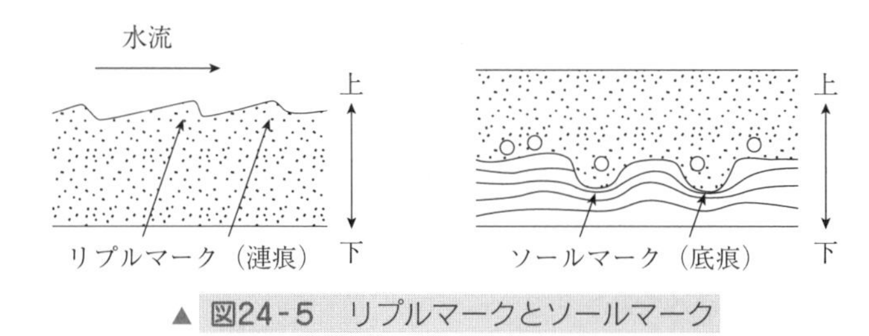

▲ **図24-5** リプルマークとソールマーク

ポイント ▶ **堆積構造**

斜交葉理(クロスラミナ)
層理面と斜交した細かな縞模様
級化層理(級化構造・級化成層)
地層の下部から上部に向かって，砕屑物の粒径が小さくなる構造
リプルマーク(漣痕)
地層の上面にできた波形の構造
ソールマーク(底痕)
地層の下面にできたくぼみ

3 整合と不整合

一般に，地層は砂や泥などの砕屑物が海底に堆積して形成される。複数の地層が時間の間隔をあけずに，連続して堆積した地層の重なり方を**整合**というんだよ(図24-6)。

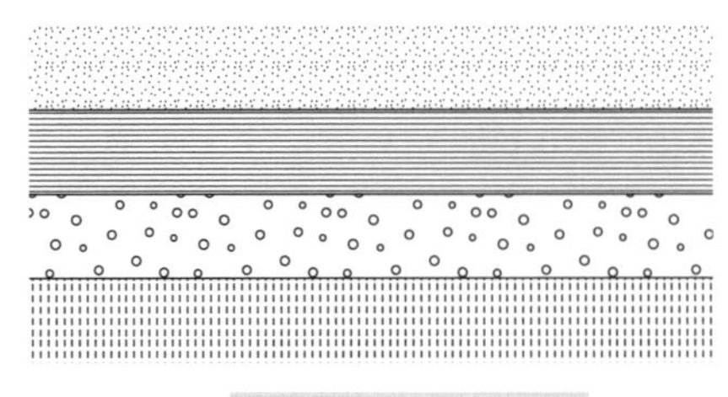

▲ 図24-6　整　合

ところが，海底で堆積した地層が隆起して陸上に現れると，陸上では風化や侵食によって表面が削られ，地層が失われていくんだ。その後，地層が沈降して，海底で再び地層が堆積すると，下位の地層と上位の地層の間に不連続面が形成されるんだよ(図24-7)。このように，下位の地層と上位の地層の間に大きな時間の間隔があるような地層の重なり方を**不整合**といい，その境界面を**不整合面**というんだ。

海底では堆積して地層ができるけど，陸上では風化や侵食によって地層が失われるんだね。

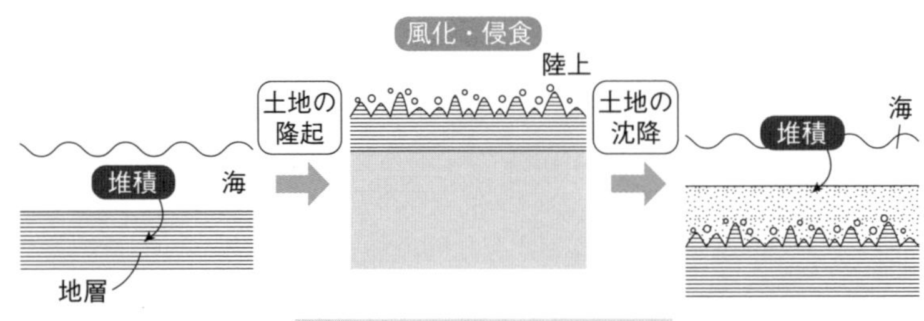

▲ 図24-7　不整合の形成過程

不整合面を境に，上下の地層が平行に接している場合を**平行不整合**といい，上下の地層の傾きが異なっている場合を**傾斜不整合**というんだよ(図24-8)。不整合は，下位の地層が隆起したり沈降したりして形成されるから，その過程で傾くことがあるんだ。

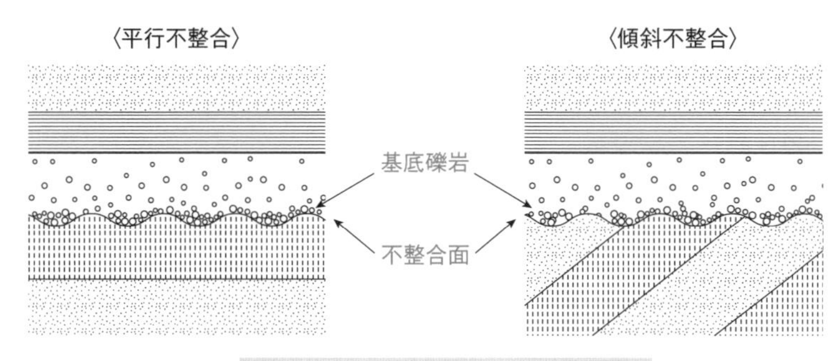

▲ 図24-8　平行不整合と傾斜不整合

不整合面の上には，礫が見られることが多いんだよ（**図24-8**）。この礫は，不整合面の下の地層が陸上で風化や侵食を受けてできたものなんだ。このような不整合面の上の礫を**基底礫岩**というんだよ。

図24-9は，傾斜不整合の露頭（地層や岩石が露出しているところ）だよ。下の傾いた地層は約 600 万年前に形成され，上の水平な地層は約 5 万年前に形成されたんだ。

▲ 図24-9　傾斜不整合の露頭

ポイント ▶ **整合と不整合**

整　合　連続的に堆積した地層の重なり方
不整合　下位の地層と上位の地層に大きな時間間隔があり，その境界に不連続面が形成された地層の重なり方
平行不整合 ▶ 上位の地層と下位の地層が平行になっている
傾斜不整合 ▶ 下位の地層と上位の地層の傾斜が異なっている

第4章 地球の歴史

チェック問題　易　3分

地層に関する次の問いに答えよ。

問1　次の写真1のような堆積構造を観察することができた。このような構造は，どのようなときにできやすいと考えられるか。下の①～④のうちから最も適当なものを1つ選べ。

（写真の横幅は約 1.5 m）

写真1

① 砂粒が，停滞した水の底に堆積するとき。
② 海底に堆積した砂や泥が，地震によって振動するとき。
③ 海底に住む生物が，食物をとるために動き回るとき。
④ 砂粒が，水の流れのあるところに堆積するとき。

問2　ある露頭で，次の柱状図（図1）のような級化成層（級化層理）を観察した。図1から見て，この砂岩泥岩互層はどのようにして堆積したと考えられるか。最も適当なものを，次の①～④のうちから1つ選べ。

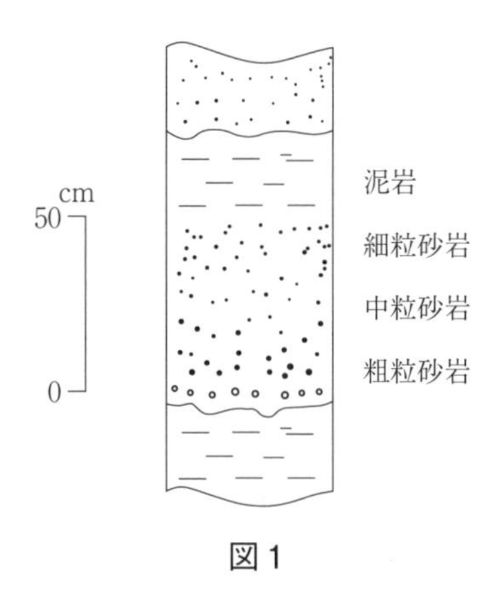

図1

① 砂漠で風に運搬されて堆積した。
② 海底で混濁流に運搬されて堆積した。
③ 陸上で地すべりによって堆積した。
④ 海水中にとけていた物質が浅海で化学的に沈殿した。

第4章 地球の歴史

解答・解説

問1 ④　　問2 ②

問1 写真1の堆積構造は，斜交葉理(クロスラミナ)である。斜交葉理は，砂などの砕屑物が水の流れのあるところに堆積するときにできることがある。

問2 級化層理(級化成層)は，混濁流(乱泥流)に運搬された砂や泥が堆積して形成される。混濁流は，大陸棚に堆積した砂や泥が，水と混ざり合って密度の大きい流れとなり，大陸斜面に沿って流れ下る現象である。混濁流に運ばれた砂や泥は，粒子が大きいほど先に沈むので，大きい粒子(粗粒な砂)が下部に，小さい粒子(泥)が上部に堆積する。

第４章　地球の歴史

化石と地質年代の区分

1 化　　石

過去の生物の遺骸（体全体，または骨，歯，殻など体の一部）や生活の痕跡が残されているものを**化石**というんだ。骨格や殻だけでなく，巣穴や足跡など活動の痕跡も化石というから間違えないようにね。生物の遺骸は**体化石**といい，巣穴や足跡のような生物の活動の痕跡は**生痕化石**というんだよ（**図25-１**）。

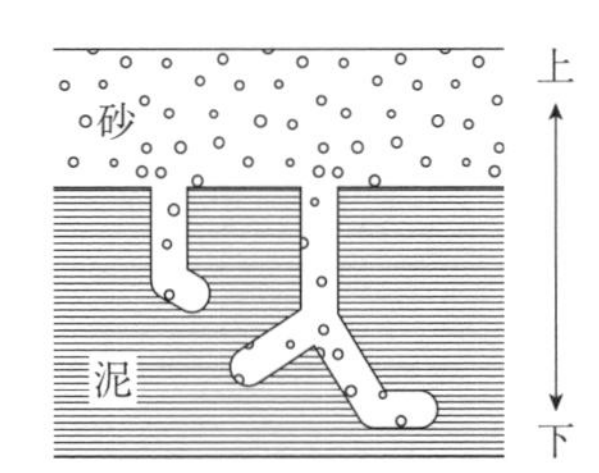

堆積物中に生息する底生生物の巣穴は，地表から下に向かって掘られるので，地層の上下がわかる。

▲ 図25-１　生痕化石（巣穴）

生物の多くは，特定の環境に適応していて，生息する地域や条件が限られているんだよ。造礁性サンゴは，温暖な浅い海に生息し，死後，その場所に埋没するんだ。つまり，地層からサンゴの化石が見つかれば，その地域がかつて温暖な浅い海であったことがわかるんだよ。このように，**地層が堆積した環境を示す化石**を**示相化石**というんだ。

生物のなかには進化が速く，次々と新しい種に変わっていくものがある。地層から特定の時代にしか生息していない生物の化石が見つかれば，**地層が堆積した時代を推定することができる**んだ。このような化石を**示準化石**というんだよ。特に，個体数が多く，広い範囲に分布しているものが，示準化石として利用されているんだ。**図25-２**は，古生代，中生代，新生代の代表的な示準化石だよ。

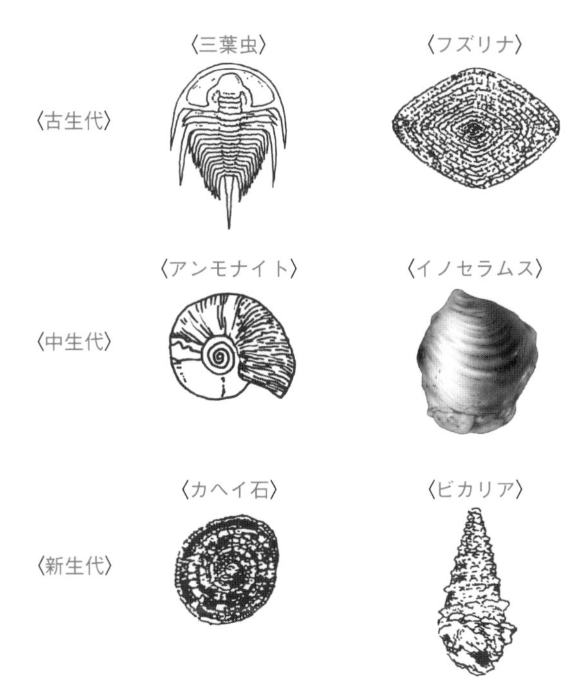

▲ 図25-2　示準化石

ポイント 化　石

示相化石　地層が堆積した環境を推定できる化石
示準化石　地層が堆積した時代を推定できる化石
示準化石の条件
▶種の生存期間が短いこと(種の進化が速いもの)
▶広い範囲に分布しているもの
▶個体数が多いこと

2 地層の対比

離れた地域の地層を比較して，同じ時代の地層を決めることを**地層の対比**というんだ。

どうやって同じ時代の地層を決めるの？

示準化石を含む地層が見つかれば，地層が堆積した時代がわかるよね。生物は進化して形が変化していくけど，同じ種の示準化石が見つかれば同じ時代に堆積した地層と考えることができるんだ(**図25-3**)。

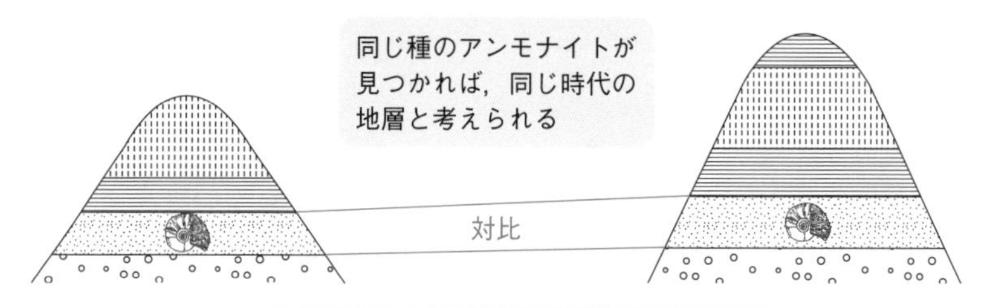

▲ 図25-3　示準化石による地層の対比

火山灰の地層を用いて地層の対比を行うこともできるんだよ。火山噴火は比較的短い期間に起こる現象であり，噴出した火山灰は風によって広い範囲に運ばれて堆積するよね。すなわち，**火山灰は異なる場所に同時に堆積する**という特徴があるんだ。

また，同じ火山の噴火であっても，噴火の時期が異なると火山灰に含まれる鉱物の種類などが変化するんだよ。有色鉱物を多く含む火山灰は黒く見え，無色鉱物を多く含む火山灰は白く見えるはずだよね。つまり，離れた地域の地層から同じ種類の火山灰が見つかれば，その火山灰は同じ時代に堆積したものと考えられるんだ(**図25-4**)。

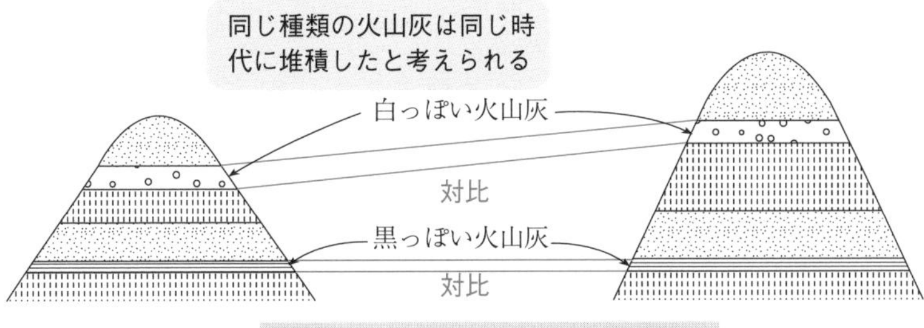

▲ 図25-4　火山灰による地層の対比

示準化石を含む地層と火山灰の地層には共通点があるよね。

示準化石は，種の生存期間が短く，広い範囲に分布する化石だったよね。また，火山灰は比較的短い期間に，広い範囲に堆積するよね。すなわち，比較的短い期間に広い範囲に堆積した地層が，地層の対比に利用できるんだ。示準化石を含む地層や火山灰の地層のように，地層の対比に役立つ地層を**鍵層**（かぎそう）というんだよ。

地球の歴史は非常に長いので，1か所の地層を調べても歴史のすべてを解明することはできない。地球規模で地層の対比を行うことで，それぞれの地層から明らかにされた過去のできごとがつながっていくんだよ。こうして，地球全体の長い歴史を明らかにすることができるんだ。

ポイント▶地層の対比

地層の対比　離れた地域において，同じ時代の地層を決めること
鍵　　層▶地層の対比に役立つ地層
▶示準化石を含む地層や火山灰の地層など
▶比較的短い期間に広い範囲に堆積した地層が利用できる

3 地質年代の区分

地球が誕生してからほぼ現在までを地質時代という。地質時代のうち，地球が誕生した約 46 億年前から約 5 億 3900 万年前までを**先カンブリア時代**というんだ。また，約 5 億 3900 万年前から現在までを**顕生代**（けんせいだい）というんだよ（図25-5）。

先カンブリア時代は約40億年もあるんだね。

先カンブリア時代は古いほうから，**冥王代**（めいおうだい）（約 46 億～ 40 億年前），**太古代**（たいこだい）（約 40 億～ 25 億年前），**原生代**（げんせいだい）（約 25 億～ 5 億 3900 万年前）の 3 つの時代に分けられているんだ。先カンブリア時代には硬い殻をもつ生物がほとんど存在しなかったので，化石がほとんど見つかっていないんだよ。

顕生代は，古いほうから，古生代，中生代，新生代の 3 つの時代に分けられているんだ。顕生代には硬い殻をもつ生物が現れたので，顕生代の地層からは多くの化石が発見されているんだよ。

硬い殻などが化石として残りやすいんだね。

古生代は古いほうから，**カンブリア紀**，**オルドビス紀**，**シルル紀**，**デボン紀**，**石炭紀**，**ペルム紀**の 6 つの時代に分けられているんだ。古生代の前半は無脊椎動物が繁栄し，後半は魚類，両生類，シダ植物などが繁栄したんだよ。

中生代は古いほうから，**三畳紀**（トリアス紀），**ジュラ紀**，**白亜紀**の 3 つの時代に分けられているんだ。中生代は，恐竜などの爬（は）虫類や裸子植物が繁栄したんだよ。

新生代は古いほうから，**古第三紀**，**新第三紀**，**第四紀**の 3 つの時代に分けられているんだ。さらに，これらの時代は古いほうから，暁新世（ぎょうしんせい），始新世（ししんせい），漸新世（ぜんしんせい），中新世（ちゅうしんせい），鮮新世（せんしんせい），更新世（こうしんせい），完新世（かんしんせい）に分けられている。新生代は，哺（ほ）乳類や被子植物などが繁栄したんだよ。

地質年代の区分は生物の進化と合わせて覚えておくといいんだね。

時代区分				年代（年前）	生物界	
顕生代	新生代	第四紀	完新世	1万	哺乳類の時代	被子植物の時代
			更新世	260万		
		新第三紀	鮮新世	530万		
			中新世	2300万		
		古第三紀	漸新世	3390万		
			始新世	5600万		
			暁新世	6600万		
	中生代	白亜紀		1億4500万	爬虫類の時代	
		ジュラ紀		2億100万		裸子植物の時代
		三畳紀（トリアス紀）		2億5200万		
	古生代	ペルム紀		2億9900万	両生類の時代	
		石炭紀		3億5900万		シダ植物の時代
		デボン紀		4億1900万	魚類の時代	
		シルル紀		4億4400万	有殻無脊椎動物の時代	
		オルドビス紀		4億8500万		細菌類・藻類の時代
		カンブリア紀		5億3900万		
先カンブリア時代	原生代			25億	無殻無脊椎動物の時代	
	太古代			40億		
	冥王代			46億		

▲ 図25-5　地質年代の区分

4 地層の新旧関係

地層や岩石の分布や重なり方を鉛直断面で表したものを地質断面図という。地質断面図からは地層の新旧関係を読みとることができるんだよ。

図25-6の地質断面図で地層の新旧関係を調べてみよう。

A層からフズリナ(紡錘虫)の化石が見つかり，B層からアンモナイトの化石が見つかったとしよう。フズリナ(紡錘虫)は古生代の示準化石，アンモナイトは中生代の示準化石だから，A層よりB層のほうが新しいことがわかるよね。**示準化石を利用して地層の新旧を判定できる**んだよ。

次に，Dの花こう岩は，A層に接触変成作用を与えていたとしよう。A層が接触変成作用を受けているということは，先にA層が堆積して，後から高温のマグマが貫入してきたことになるよね。つまり，Dの花こう岩はA層よりも新しいと判断できるんだ。

また，B層は接触変成作用を受けてないから，B層はDの花こう岩よりも新しいことになるよね。このように，**接触変成作用を受けているかどうかで地層の新旧を判断することができる**んだ。

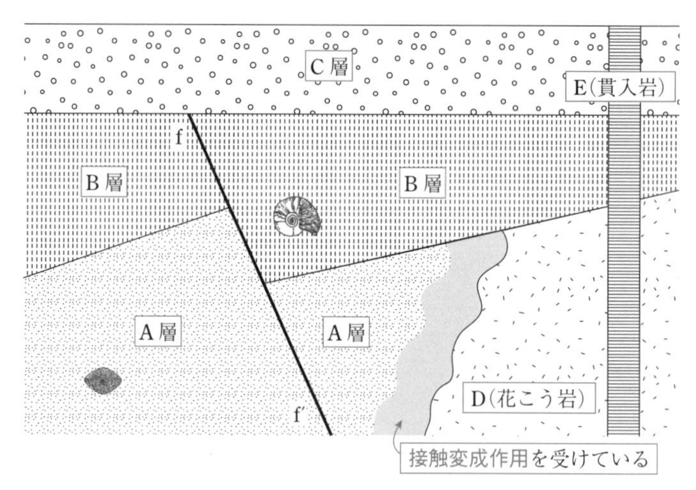

▲ 図25-6　地質断面図と地層の新旧

それから，**図25-6**には断層が見られるよね。この断層f－f′は，A層とB層は切っているけど，C層は切っていないよね。このことは，A層とB層が堆積した後，断層f－f′が動いたことを意味しているんだ。また，C層は断層が動いた後に堆積したから，断層に切られていないんだよ。

このように，**断層が地層を切っているかどうかで地層と断層の新旧関係を判断できる**んだよ。断層が地層の境界線を切っていれば断層のほうが新しいけど，断層が地層の境界線を切っていなければ地層のほうが新しいと判断できるんだ。

それじゃあ，Eの貫入岩は，Dの花こう岩，B層，C層のすべてを切っているから，いちばん新しいんだよね。

そのとおりだよ。

つまり，この地域の地層は，

古い ←――――――――――――→ 新しい

A層 → 花こう岩D → B層 → 断層 f-f′ → C層 → 貫入岩 E

という新旧関係になるんだ。

ポイント ▶ 地層の新旧関係

① **地層累重の法則**▶下位の地層は古く，上位の地層は新しい

② **示準化石による判定**▶
- 古生代：三葉虫，フズリナなど
- 中生代：アンモナイト，イノセラムスなど
- 新生代：カヘイ石，ビカリアなど

③ **接触変成作用による判定**▶接触変成作用を受けている地層は，マグマが貫入する前から存在していた

④ **断層による判定**▶断層に切られている地層は断層より古く，断層に切られていない地層は断層より新しい

チェック問題　標準　4分

地層と生命の歴史に関する次の問いに答えよ。

問１　次の図は，ある崖で観察される地層の断面を模式的に示したものである。この場所での地層や地質構造の形成過程について述べた文として最も適当なものを，下の①～④のうちから１つ選べ。なお，この地域では地層の逆転はなく，断層には水平方向のずれ(横ずれ)はない。

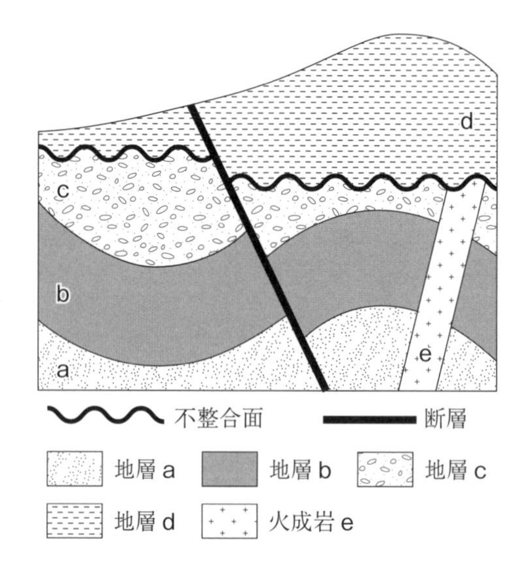

図　ある崖で観察される地層の模式的な断面図

① 褶曲が形成された時期は，地層 d が堆積した時期よりも新しい。
② 断層が最後に活動した時期は，火成岩 e が貫入した時期よりも新しい。
③ 地層 a が堆積した時期は，地層 b が堆積した時期よりも新しい。
④ 断層は逆断層であり，水平方向に圧縮の力が加わったことで形成された。

問２　カンブリア紀から現在までの期間(顕生代)に関連して，顕生代が地球の歴史の中で時間的に占める割合として最も適当な数値を，次の①～④のうちから１つ選べ。

①　3％　　②　6％　　③　12％　　④　24％

解答・解説

問１　②　　問２　③

問１　それぞれの選択肢を確認する。

①　地層ａ～ｃは褶曲しているが，地層ｄは褶曲していないので，褶曲が形成された時期は，地層ｄが堆積する前である。

②　正しい文である。火成岩ｅが貫入した後に地層ｄが堆積し，その後，断層が活動して地層ｄにずれが生じた。

③　この地域では地層の逆転はないので，下位にある地層ａは上位にある地層ｂよりも古い。

④　図において，断層よりも右側が上盤であり，断層よりも左側が下盤である。右側の上盤は，左側の下盤に対して下がっているので，正断層である。正断層は水平方向に引っ張る力がはたらいて形成される。

問２　地球は約46億(46×10^8)年前に誕生した。また，顕生代は，約5億3900万(5.39×10^8)年前以降の時代である。よって，顕生代が地球の歴史の中で時間的に占める割合は，

$$\frac{5.39\times10^8}{46\times10^8}\times100 = 11.7 \fallingdotseq 12\ [\%]$$

第4章　地球の歴史

第４章　地球の歴史

地球と生命の誕生

1 冥王代

地球は今から約 46 億年前に微惑星（直径 10 km 程度の小天体）が衝突をくり返して誕生したんだ。地球が誕生した約 46 億年前から約 40 億年前までの時代を**冥王代**というんだよ。

微惑星には水や二酸化炭素が含まれていたため，微惑星が衝突したときに水や二酸化炭素が気体として放出されて，**水蒸気や二酸化炭素を主成分とする地球の最初の大気**ができたんだ。これを**原始大気**というんだよ。

今の地球の大気とはまったく異なるんだね。

今の地球の大気には酸素が含まれているけど，原始大気にはほとんど含まれていなかったんだ。

また，微惑星の衝突によって熱が発生するため，誕生したばかりの地球の表面は高温となり，岩石はとけてマグマになっていたんだよ。このときに地球の表面を海のように覆っていたマグマを**マグマオーシャン**というんだ。マグマオーシャンの中で，密度の大きい鉄は地球の内部に移動して核を形成し，密度の小さい岩石成分は内部から上昇してマントルを形成したんだ（**図26-1**）。

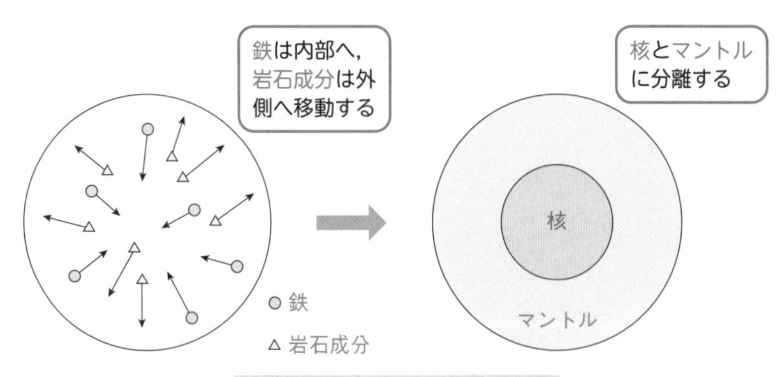

▲ 図26-1　マントルと核の分離

2 太古代

約 40 億年前から約 25 億年前までの時代を**太古代**(**始生代**)というんだ。地球上に残されている最古の岩石は，カナダ北部の約40億年前の変成岩(片麻岩)なんだよ。

地球の温度が下がると，マグマオーシャンの表面が冷えて地殻となり，大気中の水蒸気は凝結して雨となって降り，**原始海洋**を形成したんだ。海ができると，大気中の二酸化炭素は海に吸収されるため，大気中から減っていったんだよ。海に吸収された二酸化炭素は，海水中のカルシウムイオンと結合して炭酸カルシウム($CaCO_3$)となり，海底に堆積して石灰岩となったんだ(**図26-2**)。

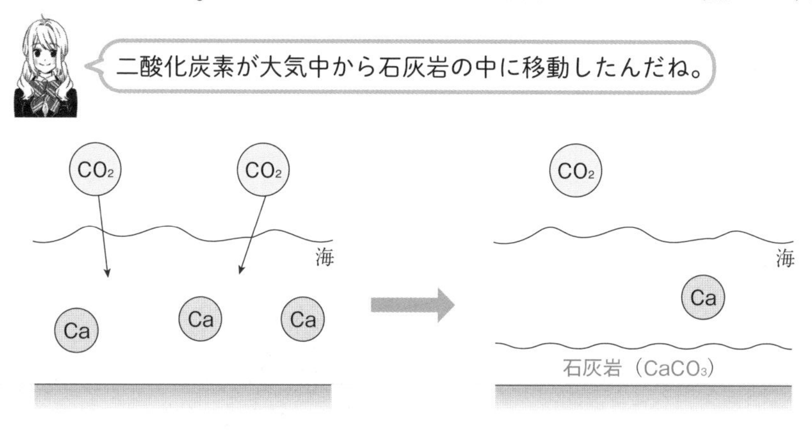

▲ **図26-2** 海洋への二酸化炭素の吸収

グリーンランド南部からは，約 38 億年前の礫岩や枕状溶岩(玄武岩)が見つかっているんだ。礫岩は，水によって侵食されてできた礫が海底などに堆積してできるんだよね。一方，枕状溶岩は，海底などでマグマが水中に噴出してできるんだ。

礫岩も枕状溶岩もできるためには水が必要なんだね。

つまり，約 38 億年前に形成された礫岩や枕状溶岩が見つかっているということは，**約 38 億年前には液体の水すなわち海が存在していた**と考えられるんだ。

生物は海で誕生したと聞いたことがあるけど，
いつ頃からいるの？

生物は約 38 億年前から存在していたと考えられているけど，生命の起源についてはわかっていないことが多いんだ。生物の外形を残した最も古い化石は，約 35 億年前の堆積岩(チャート)から見つかっているんだよ。この生物は細胞の中に核をもたない**原核生物**と考えられているんだ。

約 27 億年前になると，初めて光合成を行う原核生物の**シアノバクテリア**が出現したんだよ。浅い海に生息していたシアノバクテリアの光合成によって，海水中には酸素が放出されるようになったんだ。また，シアノバクテリアの活動によって，炭酸カルシウムなどを含むドーム状の岩石がつくられたんだよ。この岩石を**ストロマトライト**というんだ(図26-3)。

太古代の終わり頃には，
ついに光合成を行う生物が現れたんだ。

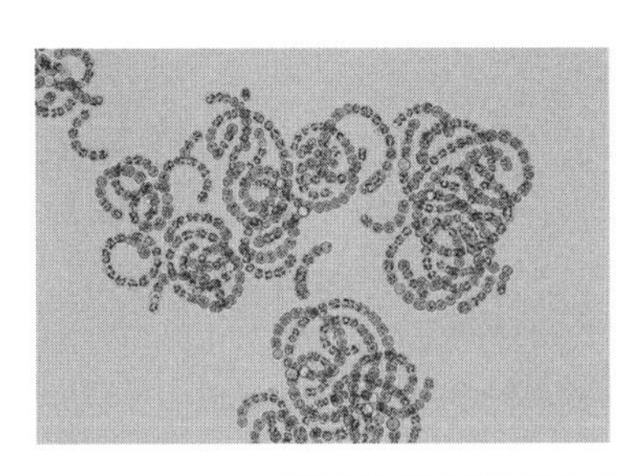

▲ 図26-3　シアノバクテリア(左)とストロマトライト(右)

ポイント 光合成生物の出現

シアノバクテリア　約 27 億年前に光合成を始めた原核生物
ストロマトライト　シアノバクテリアが形成したドーム状の岩石

3 原 生 代

約 25 億年前から約 5 億 3900 万年前までの時代を**原生代**という。シアノバクテリアの光合成によって海水中に増えた酸素は，海水中にとけていた鉄イオンと結合して，酸化鉄となったんだよ(図26-4)。この酸化鉄が海底に堆積してできた地層を**縞状鉄鉱層**というんだ。縞状鉄鉱層は，約 27 億〜 22 億年前に大量に形成されたんだよ。

海水中に酸素が増えたから，縞状鉄鉱層(酸化鉄)ができたんだね。

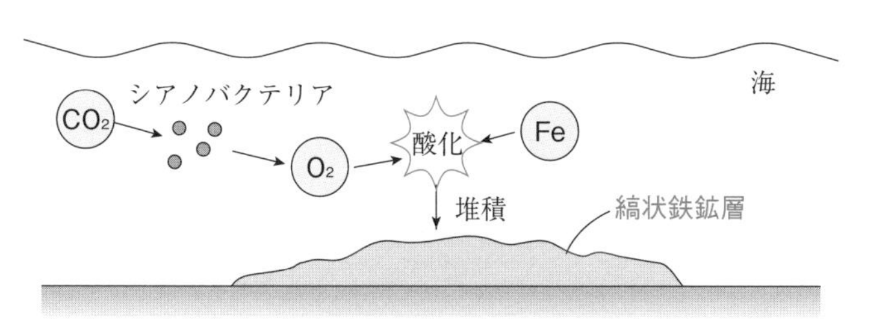

▲ 図26-4　縞状鉄鉱層の形成

先カンブリア時代には，大気中でも酸素と二酸化炭素の濃度が大きく変化したんだよ(図26-5)。冥王代の終わりから太古代の始めにかけて，大気中の二酸化炭素が海に吸収されたため，大気中の二酸化炭素の濃度は大きく低下したんだ。また，原生代の始め頃に，光合成が活発になったため，大気中の酸素の濃度は大きく上昇したんだよ。

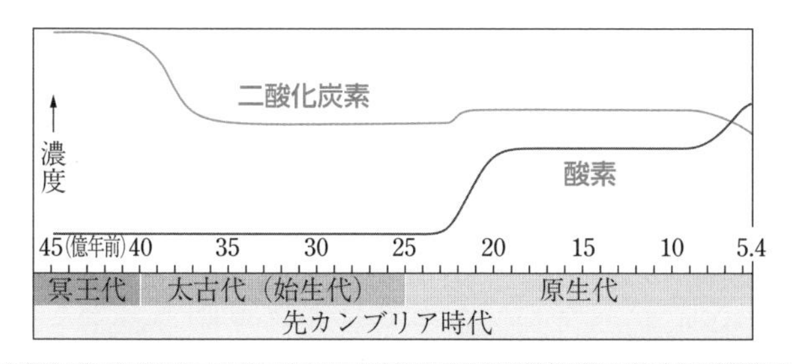

▲ 図26-5　先カンブリア時代の大気中の酸素と二酸化炭素の濃度

約 21 億年前の地層からは，細胞の中に核をもつ**真核生物**の化石が見つかっているんだ。原生代には，海水中に酸素が含まれるようになったため，酸素を利用してエネルギーを得ることができる真核生物が現れたと考えられているんだよ。

約 23 億～ 22 億年前と約 7 億～ 6 億年前には，地球のほぼ全体が氷に覆われた状態となったんだ。このような地球の状態を**全球凍結**というんだよ。当時の赤道付近の地層にも氷河堆積物（氷河が運んできた礫などが堆積したもの）が見られることから，地球全体が氷に覆われていたと考えられているんだ（**図26-6**）。

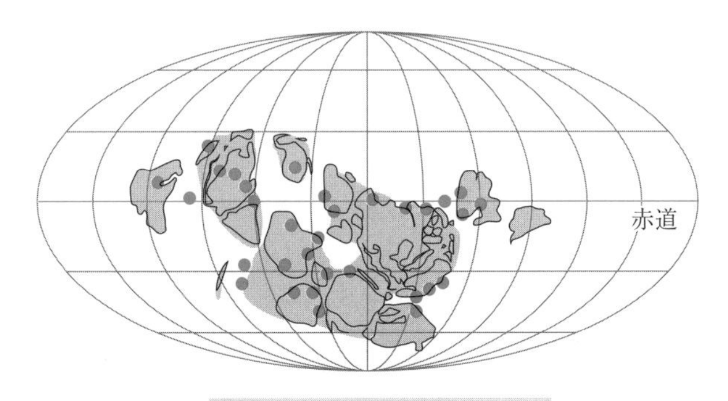

▲ 図26-6　氷河堆積物の分布

陸上の氷河は，ゆっくりと移動しながら地表を侵食するため，氷河には侵食されてできた礫が含まれることがあるんだよ（**図26-7**）。このような氷河が，海まで移動して氷山となり，氷山がとけて，含まれていた礫が海底に落ちて，堆積物にめり込むことがあるんだ。このような礫をドロップストーンというんだよ。氷河堆積物（ドロップストーン）の存在から，過去の氷河の分布を推定できるんだ。

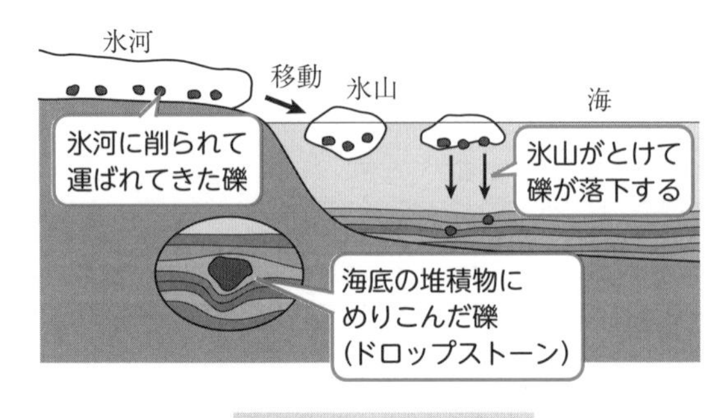

▲ 図26-7　氷河堆積物

約 6 億年前に全球凍結が終わると，大型の多細胞生物が出現するようになったんだ。オーストラリアなどの約 5.5 億年前の地層からは，**かたい骨格をもたない大型の多細胞生物**の化石が大量に発見されているんだよ。これらの生物は**エディアカラ生物群**とよばれているんだ(**図26-8**)。ディキンソニアやカルニオディスクスなどは体長が数十 cm もあったんだよ。

見たことのない生物ばかりだね。

これらの生物は，原生代末には絶滅したから，現在の海には生息していないんだよ。

▲ 図26-8　エディアカラ生物群

ポイント 原生代

縞状鉄鉱層　約 27 億～ 22 億年前に形成された酸化鉄の地層
真核生物　細胞の中に核をもち，酸素を利用して生きる生物
全球凍結　原生代の初期と末期に，地球が氷に覆われた状態
エディアカラ生物群　かたい骨格をもたない大型の多細胞生物の化石群

第4章 地球の歴史

チェック問題

標準 4分

地球の歴史に関する次の問いに答えよ。

問1　先カンブリア時代の出来事について述べた文として最も適当なものを，次の①～④のうちから１つ選べ。

① 先カンブリア時代を通して全球凍結(全地球凍結)は起きなかった。
② 海中の鉄が酸化され，大規模な縞状鉄鉱層が形成された。
③ バージェス頁岩(けつがん)にみられる生物(バージェス動物群)が現れた。
④ 先カンブリア時代末期には，超大陸パンゲアが形成された。

問2　先カンブリア時代の生物や環境について述べた文として最も適当なものを，次の①～④のうちから１つ選べ。

① 三葉虫やアノマロカリスなどの多様な動物が爆発的に出現した。
② 真核生物が出現したとき，酸素は海水中に存在していなかった。
③ シアノバクテリアの光合成によって海洋と大気に酸素が供給された。
④ エディアカラ生物群(エディアカラ化石群の生物)は全球(全地球)凍結の影響で絶滅した。

問3　海洋は先カンブリア時代にすでに存在していたと考えられている。過去に海洋が存在した証拠として適当でないものを，次の①～④のうちから１つ選べ。

① 縞状鉄鉱層　　② 枕状溶岩
③ クックソニアの化石　　④ ストロマトライト

解答・解説

問1 ②　　問2 ③　　問3 ③

問1　それぞれの選択肢を確認する。

① 先カンブリア時代は約46億～5億3900万年前の時代である。このうち，約23億～22億年前(原生代初期)と約7億～6億年前(原生代末期)には，全球凍結が起こっている。

② 正しい文である。約 27 億～ 22 億年前に，大規模な縞状鉄鉱層が形成された。

③ バージェス動物群は，古生代の初期に現れた。

④ 超大陸パンゲアは約 3 億年前に形成された。

問２ それぞれの選択肢を確認する。

① 三葉虫やアノマロカリスは，古生代の初期に出現した。

② 真核生物は約 21 億年前に出現し，酸素発生型の光合成を行うシアノバクテリアは約 27 億年前に出現した。

③ 正しい文である。

④ 全球凍結は約 6 億年前に終わり，その後，エディアカラ生物群が出現した。エディアカラ生物群は約 5.5 億年前に絶滅したが，絶滅の原因は全球凍結ではない。

問３ それぞれの選択肢を確認する。

① 縞状鉄鉱層は，先カンブリア時代の海で酸化鉄が堆積してできた地層である。

② 枕状溶岩は海水中で冷え固まった溶岩であり，約 38 億年前に形成されたものが見つかっている。

③ クックソニアは，古生代の中頃に生息していた陸上の植物である。

④ ストロマトライトは，浅い海に生息していたシアノバクテリアがつくったドーム状の岩石であり，先カンブリア時代のものが見つかっている。

第4章　地球の歴史

27 時間目 生物の上陸

1 海の生物の進化

約5億3900万前から約2億5200万年前までの時代を**古生代**というんだ。古生代は古いほうから，カンブリア紀，オルドビス紀，シルル紀，デボン紀，石炭紀，ペルム紀に分けられているんだよ。

● カンブリア紀

先カンブリア時代の化石にはあまり見られなかったけど，古生代の**カンブリア紀**になると，**かたい殻や骨をもつ多様な動物が一斉に現れた**んだ。これをカンブリア爆発というんだよ。

カンブリア紀の生物の化石は，中国南部の**澄江（チェンジャン）動物群**とよばれる化石群やカナダ西部の**バージェス動物群**とよばれる化石群として産出する。これらの化石群の中には，**アノマロカリス**，**三葉虫**，ハルキゲニア，オパビニア，ピカイアなどの無脊椎動物や原始的な魚類も見られるんだよ（図27-1）。

カンブリア紀の地層からは，化石がたくさん産出するようになったんだね。

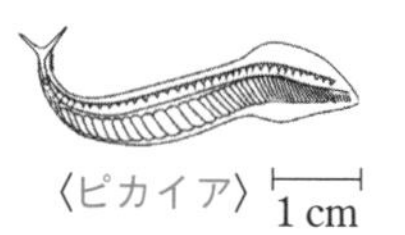

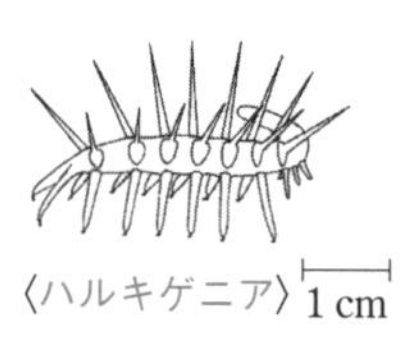

▲ 図27-1　カンブリア紀に出現した無脊椎動物

2 生物の陸上進出

● オルドビス紀

オルドビス紀の海では，**フデイシ（筆石）**や**サンゴ**（クサリサンゴなど）が出現したんだ（図27-2）。サンゴが生息していることからも気候は温暖であったと考えられるよね。また，陸上には節足動物や原始的なコケが進出していたんだよ。

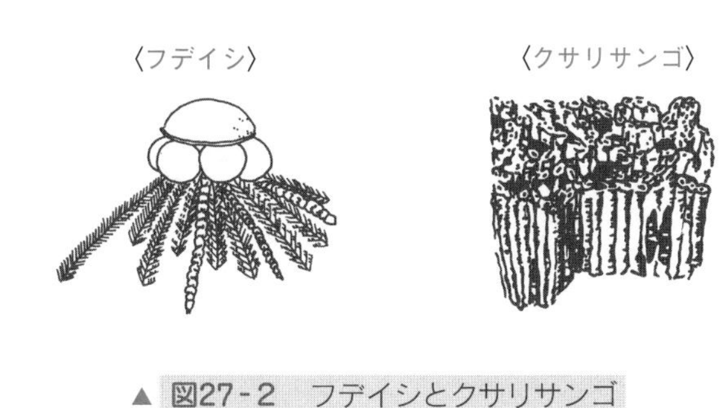

▲ 図27-2　フデイシとクサリサンゴ

● シルル紀

シルル紀には**クックソニア**が現れた。クックソニアは，植物の形が残る最古の陸上植物だよ（図27-3）。その後，プシロフィトンなどのシダ植物が，陸上で大型化していったんだ。また，海ではハチノスサンゴなどが繁栄していたんだよ。

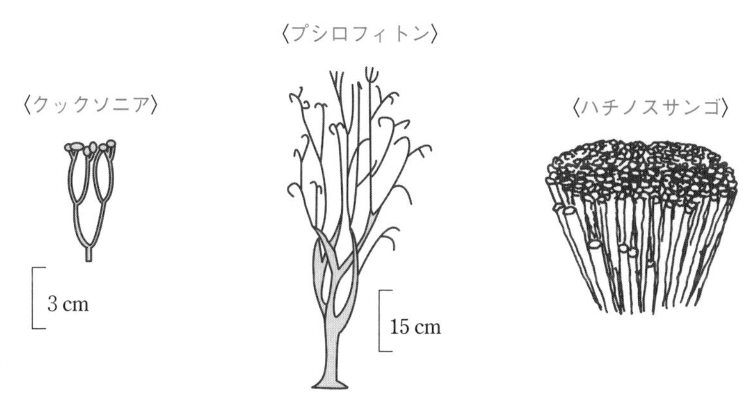

▲ 図27-3　クックソニア，プシロフィトン，ハチノスサンゴ

● デボン紀

デボン紀になると，脊椎動物も陸上に進出したんだ。デボン紀の地層からは，**イクチオステガ**などの両生類の化石が見つかっているんだよ（図27-4）。また，裸子植物が出現し，海では魚類が多様化したんだ。

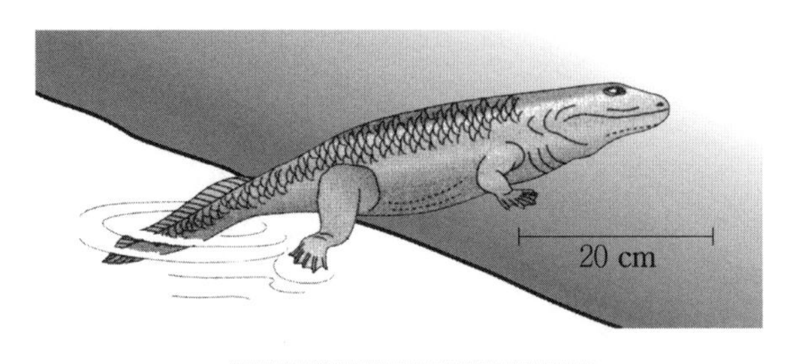

▲ 図27-4　イクチオステガ

> 古生代の中頃には，生物が次々と上陸しているけど，どうして生物は上陸できたの？

先カンブリア時代に光合成を行う生物が出現してから，地球の大気中には酸素が増えていったんだ。**酸素は上空で太陽からの紫外線が作用することによってオゾンになる**んだよ。やがて大気中のオゾンも増えていき，古生代の中頃までには**オゾン層**が形成されたんだ。

オゾン層には，**生物に有害な太陽からの紫外線を吸収する**というはたらきがある。オゾン層が形成される前は，陸上に太陽からの紫外線が降り注いでいたから生物は陸上で生存できなかったけど，オゾン層が形成された後は，地上に届く紫外線が減少したため，生物が陸上に進出でききるようになったんだ。

ポイント ▶ 生物の陸上進出

- ▶古生代の中頃までに，上空にオゾン層が形成された
- ▶地上に届く太陽からの紫外線が減少し，生物が陸上に進出した

3 大森林と超大陸の形成

●石 炭 紀

石炭紀の陸上では，**ロボク**，**リンボク**，**フウインボク**などの大型のシダ植物が繁栄し，森林が広がったんだ（図27-5）。これらの陸上植物が活発に光合成を行うことによって，**大気中の二酸化炭素濃度は減少し，酸素濃度が増加した**んだ。図27-6で，石炭紀（約3億5900万～2億9900万年前）における二酸化炭素濃度と酸素濃度の変化を確認しておこう。

植物は光合成によって，二酸化炭素を吸収し，酸素を放出するからね。

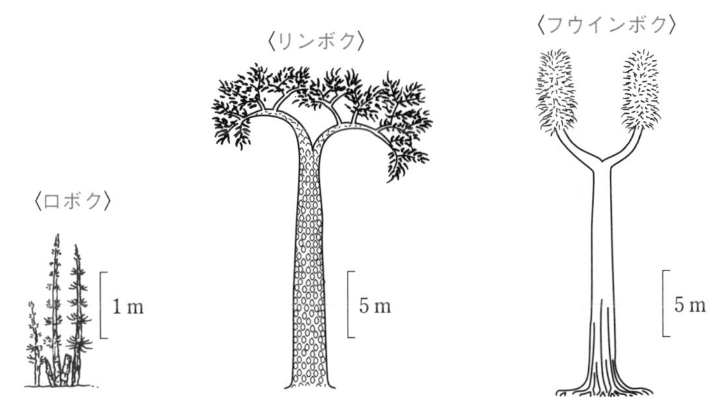

▲ 図27-5　ロボク，リンボク，フウインボク

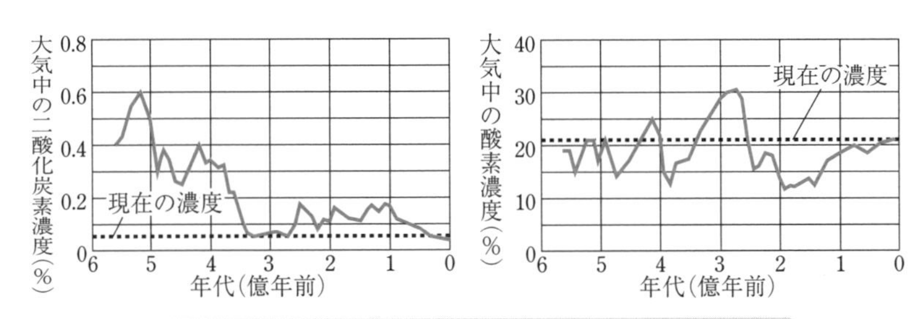

▲ 図27-6　大気中の二酸化炭素濃度と酸素濃度の変化

陸上で繁栄したシダ植物がやがて枯死すると，その遺骸が大量に沼地などに堆積して，現在の**石炭**となったんだ。人類が利用している石炭の大部分は，石炭紀の植物の遺骸からできたものなんだよ。

大量の石炭が形成された時代だから，石炭紀というんだね。

また，陸上では殻に包まれた卵を産む爬虫類が現れ，乾燥した環境にも適応できるように進化したんだ。大型の昆虫も生息していたんだよ。

一方，海では，**フズリナ**（**紡錘虫**）が繁栄したんだ（図27-7）。フズリナは有孔虫のなかまだよ。

有孔虫は炭酸カルシウム（$CaCO_3$）の殻をもつから，フズリナの遺骸が堆積すると石灰岩になるんだね。

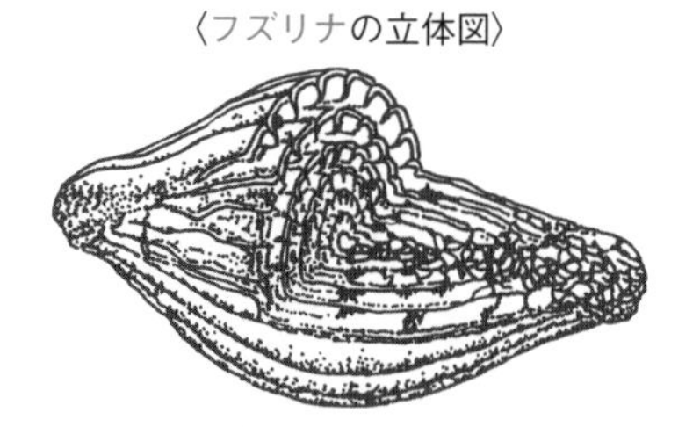

▲ 図27-7　フズリナ（紡錘虫）

石炭紀の終わり頃（約3億年前）には，気候が寒冷化したんだ。そのため，南半球の広い範囲に氷河が発達したんだよ。

● ペルム紀

ペルム紀には，地球上のすべての大陸が合体してできた**パンゲア**とよばれる超大陸が形成されていたんだ(図27-8)。

現在の大陸の分布とはまったく違うんだね。

▲ 図27-8　超大陸パンゲア

ペルム紀末には，火山活動や地球環境の変化などによって，海や陸の多くの生物が絶滅したんだ。地球規模で短期間に多くの種類の生物が絶滅することを**大量絶滅**というんだよ。**三葉虫やフズリナ(紡錘虫)もペルム紀末に姿を消してしまう**んだ。海洋では酸素が不足してしまったことが絶滅の原因と考えられているんだよ。

ポイント ▶ 古生代の生物

三葉虫▶カンブリア紀〜ペルム紀に生息した節足動物
クックソニア▶植物体の化石が残る最古(シルル紀)の陸上植物
イクチオステガ▶デボン紀の陸上に出現した両生類
ロボク・リンボク・フウインボク▶石炭紀に繁栄したシダ植物
フズリナ(紡錘虫)▶石炭紀〜ペルム紀に生息した有孔虫

チェック問題　標準　4分

地球の大気組成と生物の歴史に関する次の文章を読み，下の問いに答えよ。

次の図は，顕生代(顕生累代)における大気中の［ア］濃度の時間変化を示している。シルル紀には，［ア］濃度が増加し，大気圏にオゾン層が発達した。これによって地表に到達する太陽からの紫外線が減少し，生物の陸上進出が容易になったと考えられている。また，地質時代Xにも［ア］濃度が増加した。これは陸上に大森林が発達した結果と考えられている。

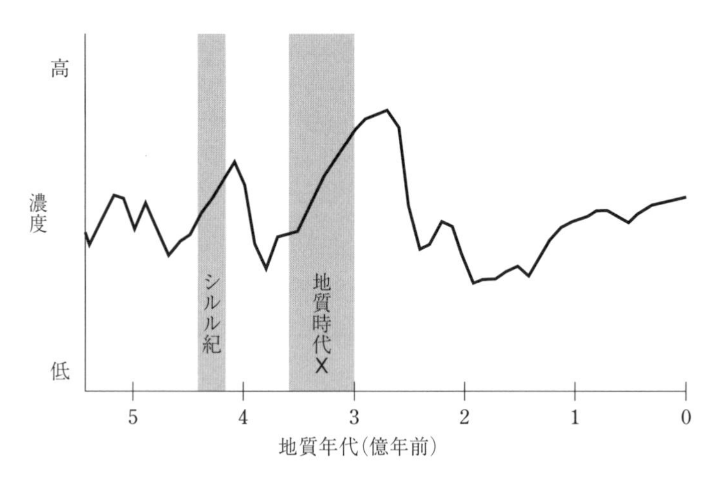

図　顕生代における地球大気中の［ア］濃度の時間変化

問1　上の文章中の［ア］に入れる語として最も適当なものを，次の①～④のうちから1つ選べ。

①　酸　素　　②　二酸化炭素　　③　窒　素　　④　水蒸気

問２　古生代に起きたできごとについて述べた文の組合せとして最も適当なものを，下の①～⑥のうちから１つ選べ。

a　紫外線が減少し，陸上に動植物が進出した。

b　海水中の酸素が増加し，真核生物が現れた。

c　被子植物が出現した。

d　シダ植物が出現した。

①　**a・b**　②　**a・c**　③　**a・d**
④　**b・c**　⑤　**b・d**　⑥　**c・d**

解答・解説

問１　①　　問２　③

問１　シルル紀には大気中の酸素濃度が増加し，オゾン層が発達したと考えられている。オゾンは，大気中の酸素に太陽からの紫外線が作用して生成される。

また，地質時代Ｘは石炭紀（３億5900万～２億9900万年前）である。石炭紀には，ロボク，リンボク，フウインボクなどのシダ植物が繁栄して，陸上には森林が広がった。これらの陸上植物の活発な光合成によって，大気中の二酸化炭素濃度は減少し，酸素濃度は増加した。

問２　それぞれの文を確認する。

a　古生代のできごとである。古生代にはオゾン層が発達し，地上に届く太陽からの紫外線が減少したため，シルル紀には原始的なシダ植物であるクックソニアが陸上に現れ，デボン紀には両生類のイクチオステガが陸上に進出した。

b　真核生物が出現したのは，約21億年前（先カンブリア時代）である。

c　被子植物が出現したのは，中生代である。

d　古生代のできごとである。シダ植物はシルル紀に出現した。

陸上生物の繁栄

1 中 生 代

約２億5200万年前から約6600万年前までの時代を**中生代**というんだ。中生代は古いほうから，三畳紀，ジュラ紀，白亜紀に分けられているんだよ。

●三 畳 紀

三畳紀の陸上では爬虫類が繁栄し，**恐竜**が現れたんだ。また，原始的な小型の哺乳類が出現し，イチョウやソテツなどの裸子植物も繁栄したんだよ（図28-1）。古生代末に形成された超大陸パンゲアは分裂し始め，海では**アンモナイト**や二枚貝の**モノチス**などが繁栄したんだ（図28-2）。

▲ 図28-1　裸子植物

▲ 図28-2　アンモナイトとモノチス

●ジュラ紀

ジュラ紀の陸上では爬虫類が大型化し，ステゴサウルスや全長が 20 m を超えるマメンチサウルスなどの恐竜が生息していたんだ(図28-3)。陸上の恐竜だけでなく，海を泳ぐ魚竜なども生息していたんだよ。

また，ジュラ紀の終わり頃には，鳥類が現れたんだ。ジュラ紀に生息していた始祖鳥は，恐竜に似た特徴をもっていたんだよ。

中生代には恐竜などの爬虫類が繁栄したけど，
哺乳類や鳥類が出現した時代でもあるんだね。

▲ 図28-3　恐竜（マメンチサウルス）

●白亜紀

白亜紀の陸上では，ティラノサウルスやトリケラトプスなどの恐竜が生息していたんだ(図28-4)。ティラノサウルスは全長が 10 m 以上もあったんだよ。

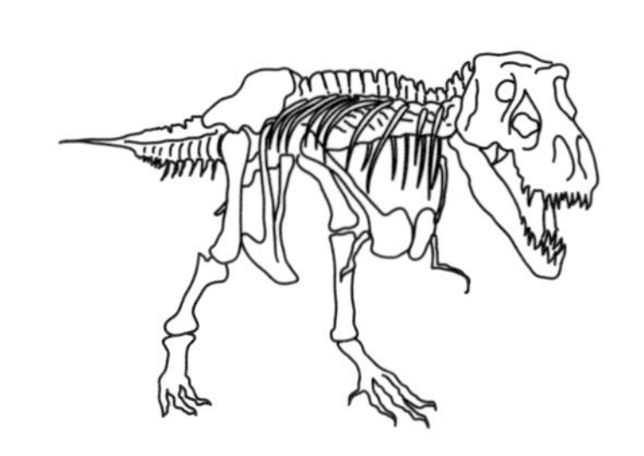

▲ 図28-4　恐竜（ティラノサウルス）

第4章 地球の歴史

中生代は主に裸子植物が繁栄していたけど，白亜紀の初期に被子植物が出現し，繁栄するようになったんだ。また，ジュラ紀や白亜紀の海では，**イノセラムス**や**トリゴニア**などの二枚貝が繁栄したんだよ(**図28-5**)。

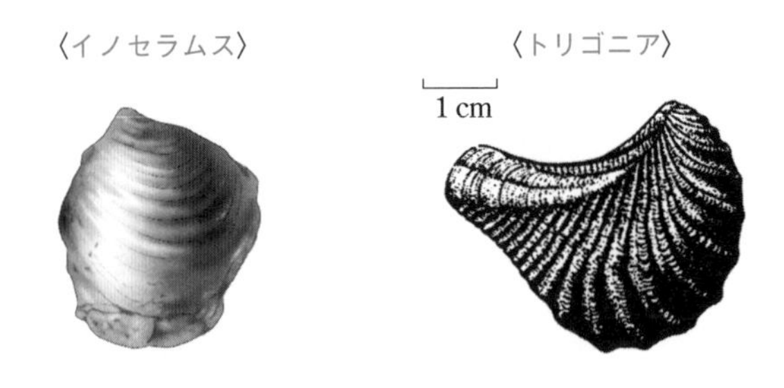

▲ 図28-5　イノセラムスとトリゴニア

白亜紀は温暖な気候が長く続いた時代なんだ。浅い海に生息する生物が増え，遺骸が海底に堆積して，現在の**石油**となったんだよ。私たちが利用している石油の多くは，白亜紀の生物の遺骸からできたものなんだ。

顕生代には，短期間のうちに多くの生物が絶滅する**大量絶滅**が5回も起こったんだ。白亜紀末にも大量絶滅が起こったんだよ(**図28-6**)。

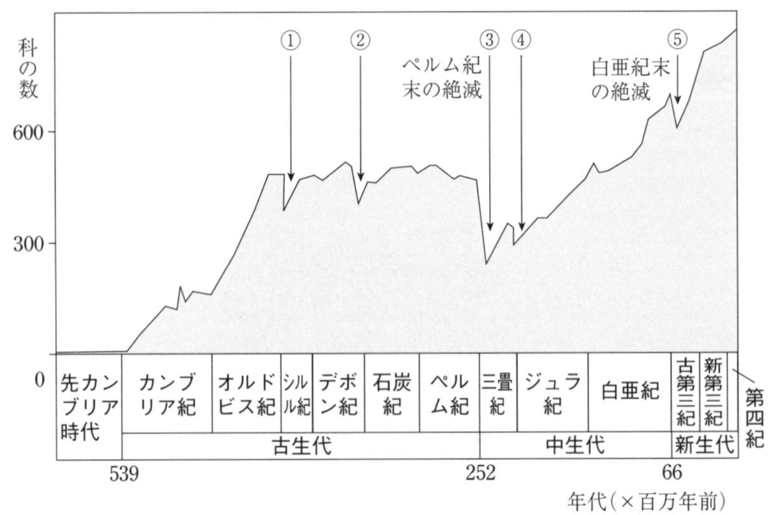

▲ 図28-6　顕生代の大量絶滅

今から約 6600 万年前に，直径約 10 km の巨大隕石の衝突によって，地球環境の大きな変動が起こったんだ。メキシコのユカタン半島付近では，巨大隕石の衝突の痕跡が見つかっているんだよ(図28-7)。

また，白亜紀末の地層には，イリジウムという元素が多く含まれているんだ。イリジウムは，地球上にはほとんど存在しないけど，隕石には多く含まれている元素なんだよ。

このように，白亜紀末に巨大隕石が衝突した証拠がたくさん見つかっているんだ。このとき，恐竜，アンモナイト，多くの二枚貝類などが絶滅したんだよ。

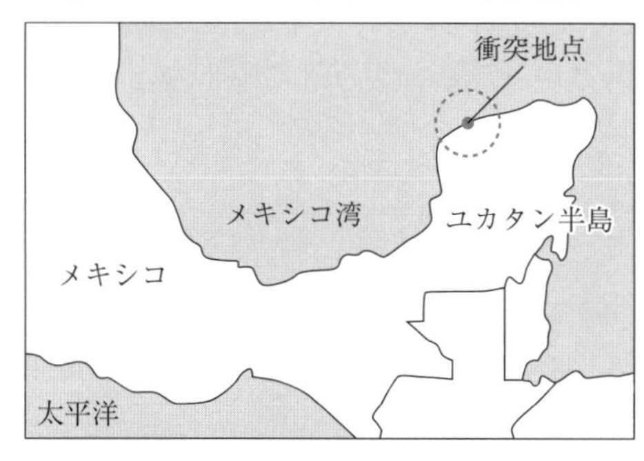

▲ 図28-7　白亜紀末の隕石の衝突場所

第4章 地球の歴史

ポイント ▶ 中生代の生物

▶爬(は)虫類(恐竜など)が繁栄し，哺(ほ)乳類や鳥類が出現した

▶裸子植物が繁栄し，被子植物が出現した

●海の生物

アンモナイト▶中生代の海で繁栄した

モノチス▶三畳紀に繁栄した二枚貝

イノセラムス・トリゴニア▶ジュラ紀・白亜紀に繁栄した二枚貝

2 新 生 代

約 6600 万年前から現在までの時代を**新生代**というんだ。新生代は古いほうから，古第三紀，新第三紀，第四紀に分けられているんだよ。

●古第三紀

古第三紀は温暖な気候で始まったんだ。陸上では哺乳類や被子植物が繁栄したんだよ。また，温暖な浅い海では，大型有孔虫の**カヘイ石(ヌンムリテス)**が繁栄したんだ(図28-8)。古第三紀の終わり頃には，気候が寒冷化していったんだよ。

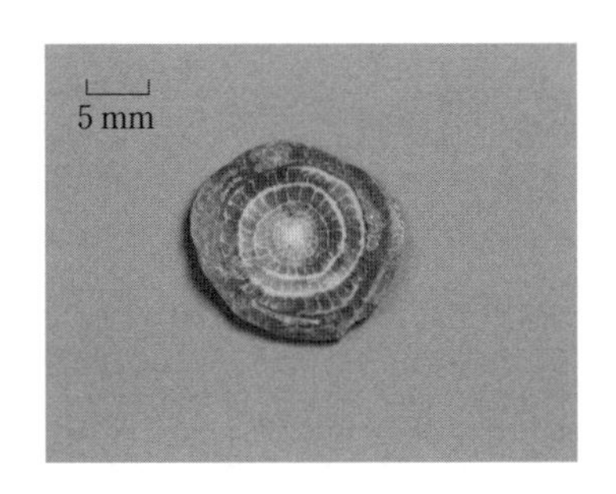

▲ 図28-8　カヘイ石（ヌンムリテス）

●新第三紀

新第三紀の気候は全体的には寒冷だったんだけど，温暖な時期もあったんだ。古第三紀や新第三紀の温暖な汽水域では，巻き貝の**ビカリア**が繁栄したんだよ(図28-9)。汽水域とは，海水と淡水が混ざったところだよ。

▲ 図28-9　ビカリア

一方，陸上では哺乳類の**デスモスチルス**が生息していたんだ(**図28-10**)。デスモスチルスとビカリアは，ともに日本の地層から多くの化石が産出しているんだよ。

〈デスモスチルスの歯〉

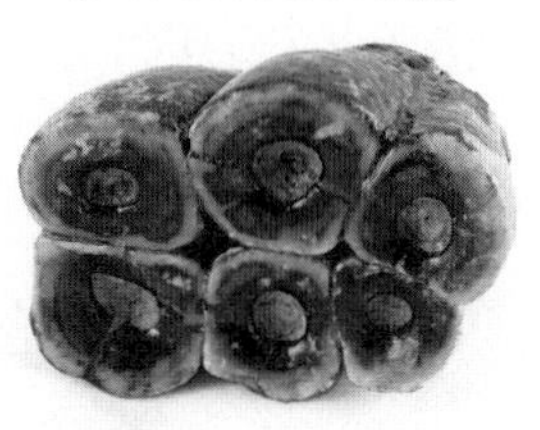

▲ 図28-10　デスモスチルス

●第 四 紀

約 260 万年前から現在までの時代を**第四紀**というんだ。第四紀は，全体的に寒冷な時代だったんだよ。特に寒冷な時期を**氷期**といい，氷期と氷期の間の比較的温暖な時期を**間氷期**というんだ。最近の約 70 万年の間は，約 10 万年周期で氷期と間氷期をくり返しているんだよ。

第四紀の陸上では，**ナウマンゾウ**や**オオツノジカ**などの哺乳類が繁栄していたんだ(**図28-11**)。ナウマンゾウやオオツノジカの化石は日本列島でも見つかっているんだよ。

〈ナウマンゾウ〉

〈オオツノジカ〉

▲ 図28-11　ナウマンゾウとオオツノジカ

氷期には，海面から蒸発した水が，やがて陸上に雪となって降り，大陸の氷河が拡大していくんだ。そのため，海水が減少し，海面は低下するんだよ。

最終氷期(約７万～１万年前)には，海面が 100 m 以上低下したときもあったんだ(図28-12)。このようなときに，ナウマンゾウやオオツノジカが大陸からやってきたと考えられているんだよ。

細線は現在の海岸線，太線は約２万年前の海岸線を示す。

▲ 図28-12　最終氷期の日本列島

ポイント ▶ 新生代の生物

- 陸上の哺乳類
  - **デスモスチルス** ▶ 新第三紀に生息していた
  - **ナウマンゾウ・オオツノジカ** ▶ 第四紀に生息していた
- 海の生物
  - **カヘイ石** ▶ 古第三紀の温暖な浅い海に生息していた大型有孔虫
  - **ビカリア** ▶ 古第三紀～新第三紀の汽水域に生息していた巻き貝

3 人類の出現

二足歩行をしていた最古の人類は，約700万年前の**サヘラントロプス・チャデンシス**(猿人)であり，その化石がアフリカで発見されているんだ。また，約350万年前の地層からは，アウストラロピテクス・アファレンシス(猿人)の化石がアフリカの東部で発見されているんだよ。

人類は，新第三紀の終わり頃に出現し，第四紀に進化したんだ(図28-13)。約230万年前にはホモ・ハビリス(原人)が出現し，約190万年前にはホモ・エレクトス(原人)が出現した。この頃，人類は石器を使用するようになり，初めてアフリカ大陸を出たんだよ。

約30万年前に原人から進化したホモ・ネアンデルターレンシス(旧人)は，ヨーロッパに進出し，狩猟などを行ったが，約3万年前には姿を消したんだ。また，約30万〜20万年前に出現した**ホモ・サピエンス**(新人)は，現代人の直接の祖先になるんだよ。

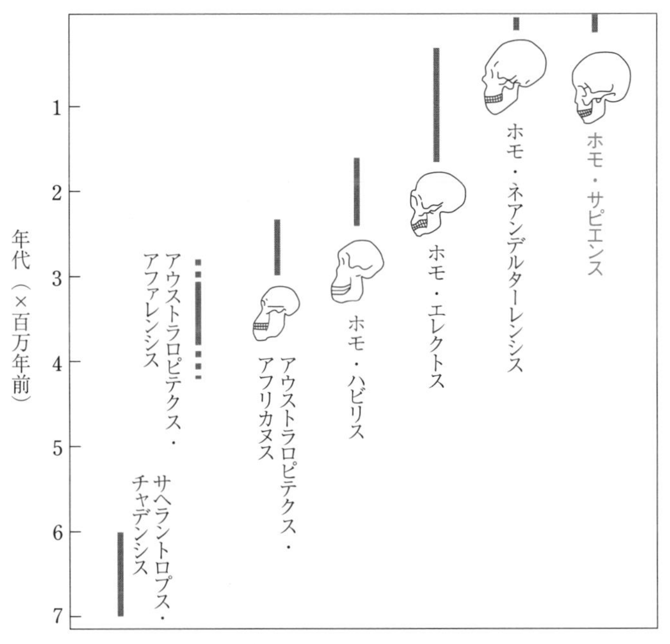

▲ 図28-13　人類の進化

第4章 地球の歴史

チェック問題

標準 

地球の歴史に関する次の問いに答えよ。

問1　次のア～エは，主な示準化石〔三葉虫，アンモナイト，ビカリア(ビカリヤ)，デスモスチルスの歯〕の写真である。これらのうち，中生代の地層，ならびに新生代の地層から産出する可能性のある化石の組合せとして最も適当なものを，次の①～⑥のうちから1つ選べ。

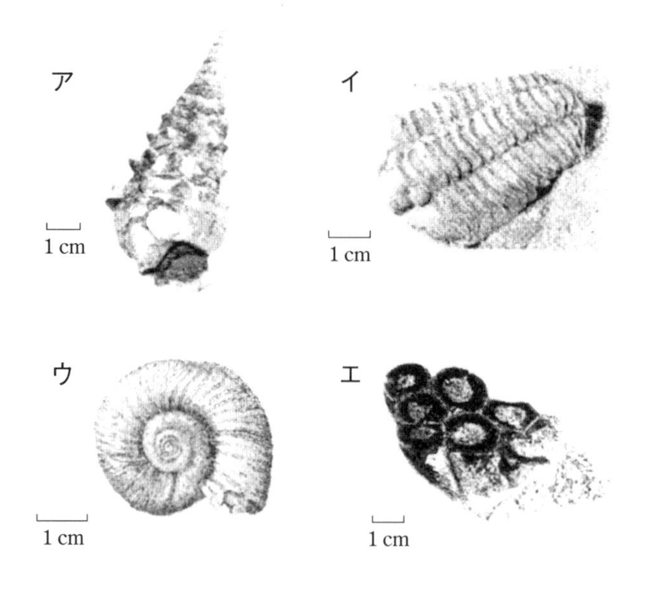

	中生代	新生代
①	ア	イ
②	ア	エ
③	イ	ア
④	イ	ウ
⑤	ウ	イ
⑥	ウ	エ

問2　生物の絶滅とそのおもな原因について述べた次の文a・bの正誤の組合せとして最も適当なものを，下の①～④のうちから1つ選べ。

a　白亜紀末には恐竜やアンモナイトなど多くの生物が絶滅し，そのおもな原因は巨大隕石(いんせき)衝突による環境変化であると考えられている。

b　ペルム紀末にはフズリナ(紡錘虫(ぼうすいちゅう))や三葉虫など多くの生物が絶滅し，そのおもな原因は全球凍結による環境変化であると考えられている。

	a	b
①	正	正
②	正	誤
③	誤	正
④	誤	誤

解答・解説

問1　⑥　　問2　②

問1　それぞれの図を確認する。

ア　新生代古第三紀～新第三紀の汽水域に生息していたビカリアである。

イ　古生代カンブリア紀～ペルム紀に生息していた三葉虫である。

ウ　中生代に繁栄したアンモナイトである。

エ　新生代新第三紀に生息していたデスモスチルスの歯である。

問2　それぞれの文を確認する。

a　正しい文である。

b　誤った文である。全球凍結は，原生代の初期と末期などに起こり，ペルム紀末には起こっていない。ペルム紀末には，海洋における酸素欠乏が原因で，海生無脊椎動物の多くが絶滅した。

さくいん

本書の重要語句を中心に集めています。

き

く

け

こ

さ

ち

つ

て

と

な

に

ぬ

ね

は

参考文献（順不同）

〈教科書〉
「地学基礎」（東京書籍）
「地学基礎」（実教出版）
「高等学校　地学基礎」（啓林館）
「高等学校　地学基礎」（数研出版）
「高等学校　地学基礎」（第一学習社）

〈資料集〉
『新課程　視覚でとらえる　フォトサイエンス　地学図録』（数研出版編集部）
『二訂版　ニューステージ地学図表』（浜島書店）

蜷川　雅晴（にながわ　まさはる）
代々木ゼミナール講師。
福岡県太宰府市出身。東京大学大学院理学系研究科修士課程修了。
授業ではやさしい語り口と図を多用した解説がていねいでわかりやすいとの評判。親身で誠実な指導によって受講生から絶大な信頼を寄せられている。
代々木ゼミナールでは本部校で授業を担当し、サテラインで全国に配信されている。また、夏期と冬期には四谷学院にも出講。共通テスト対策だけでなく、東大をはじめとする国公立大２次試験対策も指導している。さらに、模試やテキストなどの教材作成も務める実力派。
著書に『改訂版　地学基礎早わかり　一問一答』（KADOKAWA）、『激変する地球の未来を読み解く 教養としての地学』（PHP研究所）などがあり、共著書に『ねこねこ日本史でよくわかる 地球のふしぎ』（実業之日本社）、『Geoワールド 房総半島 楽しい地学の旅（Kindle版）』（mihorin企画）などがある。

改訂版　大学入学共通テスト
地学基礎の点数が面白いほどとれる本
0からはじめて100までねらえる

2020年６月12日　初版　　第１刷発行
2024年５月28日　改訂版　第１刷発行

著者／蜷川 雅晴
発行者／山下 直久
発行／株式会社KADOKAWA
〒102-8177　東京都千代田区富士見2-13-3
電話　0570-002-301（ナビダイヤル）
印刷所／図書印刷株式会社
製本所／図書印刷株式会社

ISBN 978-4-04-606364-9　C7044